特高壓變電站
綠色低能耗建築

张桂林　强万明　宋继明　等　编著

内 容 提 要

本书从特高压变电站建筑的设计、施工、运行全过程系统阐述了绿色低能耗发展理念和思路、方案和措施、工艺和要求，并以1000kV特高压石家庄变电站为例进行了案例分析，总结了变电站内绿色低能耗建筑的实践经验及提升重点，并提出了后续发展趋势和方向。

本书可供特高压变电站系统工程技术和管理人员使用。

图书在版编目（CIP）数据

特高压变电站绿色低能耗建筑／张桂林等编著．—北京：中国电力出版社，2019.5（2019.11重印）

ISBN 978-7-5198-3151-6

Ⅰ．①特… Ⅱ．①张… Ⅲ．①特高压输电－变电所－生态建筑－建筑热工－节能 Ⅳ．①TM63 ②TU111.4

中国版本图书馆CIP数据核字（2019）第095697号

出版发行：中国电力出版社
地　　址：北京市东城区北京站西街19号（邮政编码100005）
网　　址：http://www.cepp.sgcc.com.cn
责任编辑：苗唯时　闫姣姣（010-63412433）
责任校对：黄　蓓　郝军燕
装帧设计：郝晓燕
责任印制：石　雷

印　　刷：三河市万龙印装有限公司
版　　次：2019年7月第一版
印　　次：2019年11月北京第二次印刷
开　　本：710毫米×1000毫米　16开本
印　　张：9
字　　数：159千字
印　　数：2001—3000册
定　　价：68.00元

编 著 人 员

张桂林　强万明　宋继明　陈彩苓　王　艳

董俊顺　张景辉　刘　骅　姚士东　郭洪英

魏金祥　李　猛　刘少亮　张立群　徐毅敏

郝翠彩　汪　妮　王富谦　丰希奎　魏恒朴

孟立杰　张许贺　何　红　郭洪林　王怀民

李传玉　魏　栋　汤英武　许赞清　朱亚洲

范炜龙

序

综合分析社会经济各领域的能源消耗，建筑的能耗占比较大，是节能减排的重点。建筑按照功能可分为居住建筑、公共建筑和工业建筑。总体来讲，经过数十年的发展，居住建筑和公共建筑的节能技术已趋于成熟，而工业建筑节能发展起步晚，相应的标准体系还不健全，工程实践相对较少，发展提升的空间很大。

变电站作为电力工业基础设施，是电能运输体系的重要组成部分，承担着电压变换、电能接受和分配、电力潮流控制等重要功能，其建筑物是典型的工业建筑。相对于摩天大楼、办公大厦、住宅小区等民用建筑，变电站内建筑物体量偏小、结构型式较为简单，能源节约空间和综合社会经济效益很有限。但是，“勿以善小而不为”，变电站在全国范围内已经建成数万座，与经济发展和人民生活息息相关。因此，在变电站全寿命周期内贯彻实施节能措施，进一步推行绿色发展理念，积极倡导节能、节地、节水、节材及环境保护，其行业示范功能和社会效益远比单纯的经济效益更为重要。

作者本着推动变电站绿色发展的目标，结合研究成果和工程实践，基于科学严谨和实事求是的原则，编著完成该书。该书以目前电压等级最高的特高压变电站为切入点，首次从其站内建筑物的设计、施工、运行全过程阐述了低能耗绿色发展的思路、方案及工艺要求，并以特高压石家庄变电站为例进行了案例分析，总结了变电站内低能耗绿色建筑的实践经验，并预测了后续发展趋势和应用前景。

该书内容详实，能够帮助电力专业人员系统掌握变电站低能耗绿色建筑的设计、施工、运行关键技术及后续发展重点，也便于普通读者了解其建设实施的基本情况，对绿色建筑在电力行业的发展具有推动作用。

前言

近年来，随着全球资源紧张、生态环境恶化问题日益加剧，资源和环境对于社会经济发展的制约越来越强，节能减排、绿色发展已经成为世界范围内的广泛共识。而我国作为经济高速发展的大国，始终致力于推动低碳经济增长和自然环境保护，特别是党的十八大以来，生态文明建设已经上升为国家战略，党中央、国务院对于生态环境保护工作的决心和毅力前所未有，当前无疑是我国生态文明建设力度最大、举措最实、推进最快、成效最好的时期，社会主义生态文明新阶段已经开启。

长期以来，建筑是能源消耗占比较大的领域，因此也是节能减排发展的重点。其中，居住建筑和公共建筑的节能技术起步较早，发展亦较为成熟，而工业建筑节能发展刚刚开始，从标准体系到工程实践都有较大的发展提升空间。

电网建设是关系国计民生的基础，其中近十年发展起来的特高压电网具有长距离、大容量、低损耗、节约走廊资源的特点，能够更高效地传输清洁能源，代表当今世界输电技术的最高水平。而变电站是特高压交流电网的重要组成部分，其建设和运行是电网能源消耗的主要来源，同时其站内建筑物也是典型的工业建筑，在建筑的全寿命周期内贯彻实施绿色发展理念，具有显著的社会经济效益和行业示范功能。

本书从特高压变电站建筑的设计、施工、运行全过程系统阐述了绿色低能耗发展理念和思路、方案和措施、工艺和要求，并以1000kV特高压石家庄变电站为例进行了案例分析，并提出了后续发展趋势和方向。希望通过本书，使广大读者全面了解特高压变电站绿色低能耗建筑实施的基本情况，也希望更多的专家学者对特高压变电站绿色低能耗建筑的发展提出宝贵意见和建议，以博采众长，再接再厉，进一步推动变电站绿色建筑推广实施及电网建设健康可持续发展。

本书在编著过程中，得到了陈维江、白林杰、潘敬东、刘博、刘长江的指点与帮助，在此表示感谢。

由于时间仓促，书中不足之处敬请指正。

编者

2019年5月

目 录

第1章 绿色建筑发展历程

随着经济的发展，人类为了满足自身的需要，对自然资源过度开发，致使全球性的环境危机和能源危机开始出现，人类不得不重新审视自己的生活方式和经济发展模式。如何保护生态环境，实现可持续发展，成为世界各国共同关注的主题，也成为人类社会发展的中心任务之一。在工业、交通、建筑三大能源消耗体之一的建筑领域中，建筑节能越来越受到重视，而在研究和推动建筑节能的过程中，人们发现处理好人、建筑和自然环境的关系才有可能实现可持续发展，“绿色建筑”“生态建筑”“可持续建筑”等概念应运而生。随着技术的进步和研究的深入，其内涵和外延不断发展和完善，并在实际应用中成效显著，对节能减排、保护生态做出了重要贡献。

1.1 建筑节能发展

建筑节能的理念是在保证建筑物使用功能和室内环境的前提下，积极、主动地利用节能技术，降低建筑的能源消耗。建筑节能主要包括两大部分：一部分为建筑使用过程中，对维持正常运转、保障室内环境等设备系统用能的节约；另一部分为建材生产和建筑物建造过程中的节能。

从世界范围看，建筑节能是从欧、美、日等经济发达国家起步的；我国的建筑节能是伴随着改革开放和经济快速发展而不断发展起来的。

1.1.1 国际建筑节能的发展

20世纪70年代的石油危机，使建筑节能逐步成为经济发达国家建筑业发展的重点。据统计，全球居住建筑和公共建筑能耗约占全球总能耗的36%。为了降低建筑能耗，缓解气候变暖和资源短缺的危机，更好地改善建筑环境与自然环境的关系，实现资源环境可持续发展，“建筑节能”的理念逐渐兴起，且越来越被重视。为了更加全面地了解世界建筑节能的发展模式和趋势，下面重点介绍典型发达国家的建筑节能发展过程。

1.美国的建筑节能

20世纪70年代末80年代初，能源危机促使美国政府开始制定能源政策并实施能源效率标准，来约束能源过度开发和提高能源利用效率。建筑能耗占社会总能耗比例最大，自然成为能源政策关注的重中之重。

美国建筑节能发展模式从政府工程做起，早在1999年美国政府就规定：到2005年，所有联邦机构建筑的单位面积能耗应比1985年减少30%，到2010年要减少35%；新建建筑必须达到联邦或当地能源性能标准；联邦机构必须采购有“能源之星”标识的用能产品，或能效在同类中领先25%及以上的产品。

同时，美国政府还高度重视建筑节能方面的法规和标准的制定，如能源政策方面的法规包括《能源政策和节约法》（1975）、《国家能源政策法》（1992）、《国家能源综合战略》（1998）、《能源政策法案》（2005）等。其中，2005年颁布的《能源政策法案》标志着美国正式确立了面向21世纪的长期能源政策，该法案达1720多页，共有18篇章420多条，其重点是以减税等奖励性立法措施，鼓励企业及家庭、个人更多地使用再生能源、清洁能源和节能产品。提高能源利用效率方面的标准包括IECC（International Energy Conservation Code）2000标准和ASHRAE（American Society of Heating，Refrigerating and Air-Conditioning Engineers）标准，对建筑的围护结构热工性能、采暖空调系统的能效等方面作了强制性要求。近年来，能耗标准的要求越来越高，受其约束的产品种类不断增多，并且每3~5年都会进行更新。

为完成节能减排目标，美国能源部规定在建筑节能标准方面的最终目标是：综合考虑建筑的成本效益，到2025年让零能耗建筑可以作为传统建筑的替代品。

2.欧洲国家的建筑节能

1997年联合国气候变化框架公约组织通过了《京都议定书》，欧盟国家承诺：在2008年~2010年间，其温室气体排放比1990年减少8%；为此各国对建筑能耗和二氧化碳排放都做出了相关规定。

在充分考虑室内舒适度要求和成本效果的前提下，为了提高建筑物的能源利用效率，欧盟在2002年颁布了《建筑能效法案》（Energy Performance of Building Directive recast，EPBD），作为欧洲各成员国在建筑能源利用方面遵循的主要政策。该法案主要提出四方面的要求：一是要对所有新建建筑和超过1000m^{2}的将要进行综合改造的既有建筑提出最低能耗要求；二是要建立一个总体框架，明确建筑综合能效的计算方法；三是建立新建与既有建筑的能效认证制度；四是实施对建筑空调系统和中大型采暖系统的审核与评估制度。

2010 年 2 月，欧盟出台《近零能耗建筑计划》，要求各成员国 2018 年 12 月 31 日前所有公共建筑达到近零能耗水平，2020 年 12 月 31 日前所有新建建筑达到近零能耗水平，并要求对于既有建筑制订改造计划并实施。针对建筑节能的行动计划，可在国家层面上分别执行，各国可以根据本国实际提出更高要求。

目前，欧洲的普通新建居住建筑的平均能耗在 80~150kWh/（m^2 · a）左右，很大一部分新建建筑的能耗已经低于这个水平，甚至有的达到了 50kWh /（m^2 · a）及以下的能耗水平。以德国为例，自 20 世纪 80 年代开始，德国的建筑节能是通过示范项目引领与统一最低能耗标准限值两条线相辅相成地逐步推进。30 多年来，示范项目从“太阳能房屋”到“低能耗建筑”“三升房”（指通过采用多种技术手段，达到每年每平方米使用面积消耗的采暖耗油量不超过 3 升的房屋），相应的能耗从大于 200kWh /（m^2 · a）下降至负能耗；统一最低能耗标准从 1977 年颁布的第一部保温法规到 2012 年进一步修改的《能源节约条例》（EnEV），共经历了六个阶段（见表 1-1），其能耗标准下降至 50kWh/（m^2 · a）以下，正在不断靠近示范项目的能耗水平。

表 1-1　德国《能源节约条例》发展

标准（EnEV）年份	1977	1984	1995	2002	2009	2014
采暖能耗需求限值（kWh/m^2 · a）	220	190	140	70	50	30

3. 日本的建筑节能

日本的建筑节能事业由工业节能延伸而来，对建筑节能的理念也是由工业延伸而来，其建筑节能的基本出发点是提高效率，即在提高建筑物性能的同时推进建筑节能技术，降低建筑能耗。

1973 年第一次石油危机爆发之后，严重依赖石油的日本制订了新能源发展计划，从法规和技术方面对新能源和节能技术的发展提供双重保障。

1979 年第二次石油危机爆发之后，日本经济产业省颁布了《合理使用能源法》即《节约能源法》，强调提高能源使用效率，推进建筑节能发展，经过几次修订，2002 年新建建筑节能首次纳入了该法案，2005 年再次修订时强化了建筑节能的内容，并对住宅和改建建筑的节能申报提出了要求。

2011 年 3 月 28 日，日本经济产业省正式颁布了《节能技术战略 2011》，强调通过提高建筑本体围护结构性能，采用高效节能设备，逐步实现建筑零能耗和零排放。

各发达国家资源环境不同，用能体系不同，但其不断对建筑用能的严格约束和限制的方向是一致的，一系列政策标准的实施使建筑能耗有了很大程的下降，为各自的减排目标实现做出了贡献。

1.1.2 我国建筑节能的发展

我国幅员辽阔，气候多样，根据地域气候条件不同，建筑节能启动时间和工作推动的进程也有所区别。

1. 时间顺序的建筑节能“三步走”

党中央在 1987 年 10 月党的十三大提出了中国经济建设分三步走的总体战略部署和我国国民经济“三步走战略”，我国经济进入快速发展轨道。伴随着改革开放，经济的快速发展使建筑能耗水平逐年上升，借鉴发达国家建筑节能的发展规律，为了提高建筑使用能源利用效率，改善居住热舒适条件，促进城乡建设、国民经济和生态环境的协调发展，原建设部提出建筑节能发展的基本目标分为三个阶段（即后来口头说的建筑节能“三步走”战略，见图 1-1）：第一阶段自 1986 年起，新建采暖居住建筑在 1980~1981 年当地通用住宅设计能耗水平的基础上降低 30%，即通常所说的节能 30%；第二阶段自 1996 年起，在达到第一阶段要求基础上再节能 30%，即节能 50%（在耗能已经降为 70% 的基础上再降 30%，即下降数量是总体的 21%，合计约为 50%）；第三阶段自 2005 年起，在达到第二阶段要求的基础上再节能 30%，即节能 65%（在耗能已经降为 50% 的基础上再降 30%，即下降数量是总体的 15%）。下面分别介绍三个阶段的具体要求和实施效果。

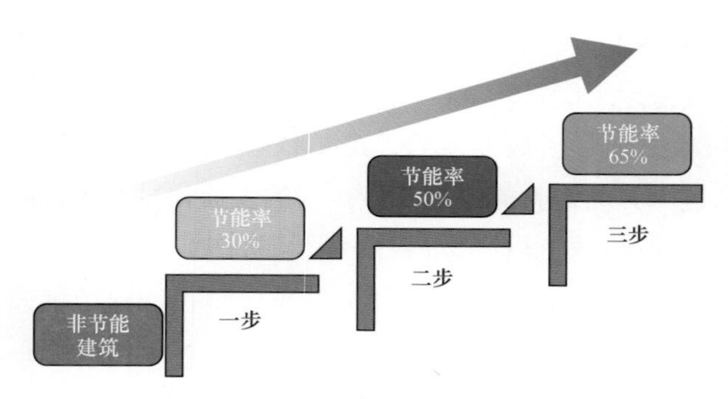

图 1-1 我国建筑节能“三步走”战略

（1）第一阶段。我国建筑节能从北方开始，1986 年发布了节能 30%的《民用建筑节能设计标准（采暖居住建筑部分）》（JGJ 25—1986）。节能目标是在当地 1980~1981 年住宅通用设计能耗水平的基础上采暖能耗减少 30%。此标准适用于设置集中采暖的新建和扩建居住建筑以及居住区供热系统的节能设计。其中节能 30%是指主要通过加强围护结构的保温、门窗的气密性以及提高采暖系统的运行效率来实现。

当时新建居住建筑规模有限，再加上基层对节能工作没有引起足够重视，实际调查结果证实，实施效果并不十分理想。

（2）第二阶段。我国于 1995 年发布了第二阶段节能设计标准，即《民用建筑节能设计标准（采暖居住建筑部分）》（JGJ 25—1995），节能目标是在当地 1980~1981 年住宅通用设计能耗水平的基础上采暖能耗减少 50%。此标准适用于严寒和寒冷地区设置集中采暖的新建和扩建居住建筑的建筑热工与采暖节能设计。后来陆续制定的《夏热冬冷地区居住建筑节能设计标准》（JGJ 133—2001）、《夏热冬暖地区居住建筑节能设计规范》（JGJ 75—2003）、《公共建筑节能设计规范》（GB 50189—2005）等均规定节能率为 50%，已从只考虑北方采暖能耗降低扩大到全国各地域建筑主要能耗的降低。各类公共建筑的节能设计，除采暖外还要提高通风、空调和照明系统的能源利用效率，总能耗降低 50%。这个阶段，建筑从业者和管理者开始真正重视建筑节能，是否满足节能标准，成为必须要审查的内容。

（3）第三阶段。2005 年建设部发布《关于发展节能省地型住宅和公共建筑的指导意见》（建科〔2005〕78 号）要求：到 2010 年，全国城镇新建建筑实现节能 50%；既有建筑节能改造逐步开展，大城市完成应改造面积的 25%，中等城市完成 15%，小城市完成 10%；新建建筑对不可再生资源的总消耗比现在下降 10%。到 2020 年，北方和沿海经济发达地区和特大城市新建建筑实现节能 65%的目标，绝大部分既有建筑完成节能改造；新建建筑对不可再生资源的总消耗比 2010 年再下降 20%。

目前居住建筑执行的节能标准为《严寒和寒冷地区居住建筑节能设计标准》（JGJ 25—2010）与《夏热冬冷地区居住建筑节能设计标准》（JGJ 133—2010）。公共建筑执行的节能标准为《公共建筑节能设计规范》（GB 50189—2015），等均规定节能率为 65%。

尽管我国建筑节能从“标准”角度已经实现“三步走”战略目标，但随着建筑总量的增多，能源消耗过大的问题仍然不容乐观。2003 出版的《2020 中国可持续能源情景》一书中曾预测：到2020年，中国能源总需求将在23.2亿~31.0亿tce（吨标准煤）之间，建筑能耗在4.7亿~6.4亿tce之间。而实际上，2010年我国社会能源消耗已经达到了32.5亿tce，建筑能源消耗6.77亿tce，远远超过其预期目标。还有文献提到，未来中国建筑总量将达到910亿m^2，甚至1180亿m^2，相当于在目前建筑量的基础上增长1~2倍，由此也将导致建筑能耗大幅度提高。

为了实现建筑能耗强度的控制目标，国家于2016年出台了以建筑能耗数据为核心的建筑节能政策体系和建筑节能技术支撑体系的国家标准《民用建筑能耗标准》(GB/T 51161—2016)，这一标准的全面推广实施是我国在建筑节能领域实现建筑节能从路径控制到效果控制转变的重要一步。

2. 地域特点的建筑节能推动

根据气候条件不同，我国分为严寒、寒冷、夏热冬冷、温和、夏热冬暖五个热工设计分区。各气候区建筑的供冷供热需求不同，建筑节能的开始时间也不尽相同。从20世纪80年代初，历经30多年，我国建筑节能由易到难、从点到面稳步推进。作为建筑节能发展的重要体现，我国建筑节能标准从北方采暖地区（严寒、寒冷地区）新建、改建、扩建居住建筑节能设计标准起步，逐步扩展到了夏热冬冷地区、夏热冬暖地区居住建筑和公共建筑；从采暖地区既有居住建筑节能改造标准起步，逐步扩展到各气候区域的既有居住建筑节能改造；从仅包括围护结构、供暖系统和空调系统起步，逐步扩展到照明、生活设备、运行管理技术等；从建筑外墙外保温工程施工标准起步，逐步向建筑节能工程验收、检测、能耗统计、节能建筑评价、使用维护和运行管理全方位延伸，以建筑节能专用标准为核心的独立建筑节能标准体系已经形成，基本实现了对民用建筑领域的全面覆盖。

1.2 绿色建筑发展概况

建筑节能的发展对降低社会总能耗发挥了很大的作用，但仅仅考虑建筑节能已经不能满足生态环境可持续的发展要求，为了寻求可持续发展之路，建筑节能标准逐步提高的同时，绿色建筑也开始在世界范围内逐步萌芽并发展。

绿色建筑的理念是在消耗最少的能源和资源的前提下，给环境和生态带来的影响最小，同时为居住和使用者提供健康舒适的建筑环境与良好的服务，以实现人、建筑、环境健康协调的可持续性发展。可把绿色建筑归纳为具有“4R”的建筑，即“Reduce”——较少建筑材料、各种资源和不可再生能源的使用；“Renewable”——利用可再生能源和材料；“Recycle”——利用回收材料，设置废弃物回收系统；“Reuse”——在结构允许的条件下重新使用旧材料。因此，绿色建筑就是能源有效利用、保护环境、亲和自然、舒适、健康、安全的建筑。

同建筑节能的发展情况类似，绿色建筑也是从经济发达国家起步，我国汲取经济发达国家经验，结合本国国情逐步发展。

1.2.1　国际绿色建筑的发展

20 世纪中期，在全球环境恶化、资源短缺的情况下，受绿色运动的影响和推动，绿色建筑的思想和观念开始萌生；20 世纪 60 年代，美籍意大利建筑师保罗 · 索勒瑞首次综合生态与建筑两个独立的概念提出“生态建筑”的新理念；20 世纪 70 年代，能源危机推动了太阳能、地热、风能等各种可再生能源应用于建筑，节能建筑成为建筑的先导；1980 年，世界自然保护组织首次提出“可持续发展”的口号，同时节能建筑体系逐渐完善，并在德、英、法、加拿大等发达国家广泛应用；1987 年，联合国环境部署发表《我们共同的未来》报告，确立了可持续发展的思想；1992 年在巴西举行的联合国环境与发展大会，使“可持续发展”思想在世界范围得到推广。

为了推动绿色建筑的健康发展，围绕推广和规范绿色建筑的目标，许多国家制定和实施了各自的绿色建筑标准和评估体系，见表 1-2。各国绿色建筑评价体系均根据本国国情及特点，进行了细致的设置。

表 1-2　国外主要的绿色建筑评价体系

国　家	评价体系	国　家	评价体系
美国	LEED	新加坡	Green Mark
日本	CASBEE	德国	DGNB
英国	BREEAM	加拿大	GBTOOL
澳大利亚	NABERS	法国	HQE

随着人们对全球生态环境的普遍关注和可持续发展的广泛深入开展，建筑设计从减少常规能源消耗扩展到全面审视建筑活动对全球生态环境、周边环境和建筑室内环境的影响，同时，全面审视建筑“全生命周期”的影响，包括原材料开采、运输与加工、建造、使用、维修、改造和拆除等各个环节。在建筑的全生命周期内，最大限度地节约资源，包括节能、节地、节水、节材等，保护环境和减

少污染，为人们提供健康、舒适和高效的使用空间，与自然和谐共生的建筑物，即“绿色建筑”。绿色建筑的概念是当前全球化的可持续发展战略在建筑领域的具体体现。

下面介绍几个典型经济发达国家的绿色建筑发展历程。

1.欧洲的绿色建筑发展

1990年，世界首个绿色建筑评价标准《英国建筑研究组织环境评价法》（Building Research Establishment Environmental Assessment Method，BREEAM）在英国发布。BREEAM采用了“因地制宜、平衡效益”的指导思想，经过全面、系统的研究，并和实践应用互相推进，使它成为一套兼具有国际性和区域性的绿色建筑评价体系。1990年开始，BREEAM已经发行了涵盖住宅、办公建筑、工业建筑、商业建筑等方面的评估体系，不仅对建筑单体进行定量化客观的指标评估，并且考量建筑场地生态，从科学技术到人文技术等不同层面关注建成环境对社会、经济、自然环境等多方面的影响。它不仅是一套绿色建筑的评估标准，也对绿色建筑的设计起到了积极的引导作用。

英国BREEAM工业建筑评价体系的评估指标相对来说较为详细，主要从管理、废弃物、舒适与健康、污染、能源、土地利用与生态环境、交通运输、材料、水资源、创新10个方面对建筑项目进行评价。

德国通过建立和完善政策体系、建立财税激励机制以及推行建筑物的能源认证证书来推行绿色建筑的发展。1977年，德国第一部节能法规《保温条例》（WSchV77）正式实行，提出新建建筑的采暖能耗限额为100kWh/（m^2·a）。2002年，为贯彻欧盟对建筑节能的要求，开始实施新的《能源节约条例》（EnEV 2002），采暖能耗限额调整为70kWh/（m^2·a），其后对采暖能耗限额逐渐降低，到2014年修订的《能源节约条例》（EnEV 2014），提出采暖能耗限额将下降到了30kWh/（m^2·a）。德国对绿色建筑的财税激励机制既有可再生能源的市场激励计划，也有德国复兴信贷银行（KFW）专为建筑节能改造推出的多项资助计划（提供超低利率贷款年利率不会超过2%）。建筑物的能源认证证书在德国得到了广泛推广，在《能源节约条例》（EnEV 2002）中明确要求，建筑物中的能源使用情况要进行量化（包括供暖、空调、热水供应等方面），要建立建筑物的能源认证证书系统。德国法律还规定，自2009年1月1日起，所有新建、出售或出租的居住建筑都必须出具能源证书，以便购房者或租房者了解在房屋能源消费方面可能支出的费用。对非居住建筑，则从2009年7月1日起实施，同时要求面积超过1000m^2的公共建筑必须在建筑物显著位置悬挂能源证书。德国可持续建筑委员于 2008 年首次颁发了绿色建筑 DGNB 认证标准，德国可持续建筑评价体系（DGNB），包括绿色建筑、建筑经济、社会功能、文化等多方面的内容，以及全生命周期，是非常完整全面的评价体系。德国 DGNB 包含六大方面：生态质量、经济质量、社会质量、技术质量、过程质量和场地质量。目前 DGNB 不仅在德国，在世界范围内很多建筑也进行德国 DGNB 认证。

欧洲以英国的 BREEAM 和德国的 DGNB 为主的绿色建筑评价体系，通过项目的评价和认证，为欧洲国家建筑的可持续发展和保护生态环境起到了积极的推动作用。

2. 美国的绿色建筑发展

美国的资源构成和人均资源占有量与欧洲有很大不同，在保证室内环境舒适度的前提下，美国在不断推出各种建筑节能新政，对降低建筑能耗起到了很大的积极作用。随着“可持续”“绿色”发展理念的深入，继英国推出 BREEAM 体系后，美国绿色建筑协会（USGBC）于 1994 年，起草了名为“能源与环境设计领袖”（Leadership in Energy and Environmental Design，LEED）的绿色建筑分级评估体系。经过十几年的不断升级，LEED 已经有了 5 个不同的版本。最新的 LEED v4 在过去几版的核心基础上，更加关注建筑物的整体性能，标准的选择更加国际化。由于其高度开放性和广泛适用性，LEED 被认为是目前世界各类绿色环保建筑评估标准中最完善、最有影响力的评价标准。LEED 评估体系包含新建建筑、既有建筑、商业装修、建筑结构、住宅、社区开发体系。

美国绿色建筑当前政策法规的强制性与自愿性相互结合、联邦政府标准与地方政府标准相互补充。既有强制性的能源政策法案、总统令等，也有自愿性的评价标准等；既有联邦政府层面的绿色建筑政策法规，也有全美第一个强制性地方绿色建筑标准。政策法规的全面性使其适应了美国不同地区的经济、环境、自然条件。除此之外，市场在绿色建筑发展中起着主体作用，第三方评价机构的验证和认证保证了评价的公正性和公平性，以此形成了政府、市场、第三方评价机构共同发挥作用的有效机制，使美国的绿色建筑得到了很好的发展。

3. 日本绿色建筑发展

日本作为亚洲的经济发达国家，其人均资源占有量与美洲国家相比，有很大的劣势，在建筑领域仅依靠建筑节能不足以支撑其建筑的可持续发展，受欧美国家“绿色建筑”评价体系的影响，结合本国实际，于 2001 年，日本成立了构筑可持续建筑理念、开发建筑物环境性能综合评价工具的委员会 JSBC（Japan

Sustainable Building Consortium），并于 2002 年完成了最早的评价工具 CASBEE（Comprehensive Assessment System for Building Environment Efficiency）– 事务所版，随后相继完成 CASBEE – 新建（2003 年 7 月）、CASBEE – 既有（2004 年 7 月）、CASBEE – 改造（2005 年 7 月）。

起初，CASBEE 的含义是"建筑物综合环境性能评价体系"，是以节约能源、节省资源、循环利用等为基础，并考虑室内舒适性、景观环境品质来综合评价建筑物环境性能的评价体系，是世界上首个包含环境效率的评价体系。CASBEE 问世后得到了很好的应用和发展。特别是 2004 年以后，日本地方政府和民间积极采用 CASBEE，日本政府国土交通省"环境行动计划""京都议定书目标达成计划"等政策中都明确要大力开发和普及 CASBEE。CASBEE 系列扩充、普及得很快，2006 年 7 月出版 CASBEE – 街区建设，2007 年 9 月公布 CASBEE – 住宅（独户独栋）。随着 CASBEE 工具群的不断发展，其评价涵盖范围也不断扩大，于 2009 年 4 月 1 日由"建筑物综合环境性能评价体系"更名为"建筑环境综合性能评价体系"。

日本绿色建筑相关的法律法规、政策制度比较全面，并且不断推陈出新，形成了完善的绿色建筑法律法规体系；对绿色建筑的推广，既有法律的强制性规定，又有相关的经济激励政策与补贴制度，无论是对建造者还是对业主都有着很大的吸引力，提高了整个社会对于绿色建筑的认知程度和可持续发展的意识。

4. 世界绿色建筑发展现状

1998 年，加拿大、瑞典等国联合建立了绿色建筑评价体系 GBTooL（Green Building Tool）。GBTooL 评估对象包括新建和改建翻新建筑，GBTooL 基本涵盖了建筑环境评价的各个方面，更注重生命周期的全过程。澳大利亚绿色建筑的发展主要通过政府经济激励与各种辅助政策共同发挥作用，同时绿色建筑评价体系中的"绿色之星"和"澳大利亚建成环境评价系统"分别针对设计阶段和既有建筑的环境表现，形成了一种互补的评价体系。澳大利亚政府的绿色建筑政策法规的突出特点是以自律性为主，引导与激励相结合。此外，其对绿色建筑的教育和培训甚为重视。新加坡绿色建筑的政策法规规定公共服务部门扮演绿色建筑实施的领导角色，政府在绿色建筑新建、改造方面起到表率作用，国家所属建筑均强制性率先达到绿色建筑评价入门级标准。通过一系列强制性和激励性政策的实施，使得绿色建筑评价从公共建筑推广至民用建筑，从自愿认证推广至强制认证。

到 2006 年，全球绿色建筑评估体系近 20 个，经过多年的发展，BREEAM、

LEED、CASBEE 等均发展成为相对成熟的评价体系。目前 BREEAM 与 LEED 已经在世界范围内广泛使用，BREEAM 体系其中包含 BREEAM 工业建筑评价体系，美国的 LEED 并未针对工业建筑有专门的评价手册。CASBEE 由于其独特、创新的评价方法正日益受到关注。GreenMark 标准虽起步较晚，但在新加坡国内取得了巨大成功。

1.2.2　我国绿色建筑的发展

20 世纪 90 年代，绿色建筑概念开始引入我国。1992 年巴西里约热内卢联合国环境与发展大会以来，我国政府相继颁布了若干相关纲要、导则和法规，大力推动绿色建筑的发展。

1996 年我国发表了《中华人民共和国人类住区发展报告》，该报告对进一步改善和提高居住环境质量提出了更高要求和保证措施；1998 年发布《中华人民共和国节约能源法》，提出建筑节能是国家发展经济的一项长远战略方针；在我国国民经济和社会发展第十个和第十一个五年规划期间，我国启动了有关绿色建筑方面的基础研究工作，“十二五”期间将绿色建筑研究作为主要领域给予支持；2004 年 9 月，住房和城乡建设部“全国绿色建筑创新奖”的启动标志着我国绿色建筑发展进入了全面发展阶段；2006 年，住房和城乡建设部正式颁布了《绿色建筑评价标准》(GB/T 50378)，标志着中国正式进入“绿色建筑时代”；2007 年 8 月，住房和城乡建设部又出台了《绿色建筑评价技术细则（试行）》和《绿色建筑评价标识管理办法》，开始建立起适合中国国情的绿色建筑评价体系；后来针对不同建筑功能类型陆续发布了《绿色工业建筑评价标准》(GB/T 50878—2013),《绿色办公建筑评价标准》(GB/T 50908—2013)，为绿色工业建筑和绿色办公建筑的评价提供了依据。

近年来，住房和城乡建设部也在科技计划方面新增了绿色建筑的研究方向。通过一系列课题研究工作的开展，有力地推动了绿色建筑技术的进步与应用，为相关标准的制订奠定了基础。此外，可再生能源利用、外遮阳、雨水集蓄、市政中水、预拌混凝土、预拌砂浆等绿色建筑技术在部分地区已逐步被强制推广应用，“被动技术优先、主动技术优化”等绿色建筑设计理念不断深入，许多增量成本低、地域适应性好、技术体系成熟的其他绿色建筑技术也逐渐被市场接受。

随着绿色建筑技术的不断发展和标准体系的不断完善，从业人员对绿色建筑的认识逐步理性，由初期单纯追求技术堆砌，逐渐转变为优先采用被动式技术，通过精细化设计，控制绿色建筑的增量成本，绿色建筑项目迅速增加。据不完全统计，获得绿色建筑评价标识的项目数量和面积的年均增速分别达到了 120% 和 160%，截至 2016 年 9 月底，全国已累计评出标识项目 4515 项，其中设计标识 4246 项，运行标识 269 项，总建筑面积约 5.23 亿 m^2。

1.2.3 绿色低能耗建筑的发展

为了实现“可持续发展”，建筑领域从推动建筑节能，延伸到绿色建筑和节能型建筑。“建筑节能”规定的是如何采取措施降低建筑的能源消耗；“绿色建筑”规定的是如何在最大限度地降低能源和资源消耗、给人类创造高效、适用的空间的同时，使建筑与自然和谐共生；而“绿色低能耗建筑”属于“节能型绿色建筑”的范畴，强调在满足建筑节能和绿色建筑要求的同时，建筑物的实际能耗不超过指标值。

绿色低能耗建筑在不同国家和地区有着不同的名称，但总体目标都是在保证室内环境的前提下，控制建筑能耗；指在特定时期内，其建筑能耗比现行建筑节能标准能耗降低 25%~30% 的建筑物；“超低能耗建筑”通常指在特定时期内，其建筑能耗比现行建筑节能标准能耗降低 50% 以上的建筑物。由于国际上主要发达国家建筑节能标准通常采用“小步快跑”的提升方式，因此，“低能耗建筑”和“超低能耗建筑”通常为建筑节能标准提升未来 1~2 次的目标，其建筑节能示范工程也可以围绕此目标进行展开，带动建筑节能产业不断升级发展。

1. 欧洲绿色低能耗建筑的发展

在德国，绿色低能耗建筑被称为“被动房”，“被动房”（PASSIVHAUS）概念首先由两位欧洲科学家，即时任瑞典隆德大学教授的 Mr.Bo Adamson 和时任德国房屋与环境研究所博士，现任德国被动式住宅研究所所长 Mr.Wolfgang Feist 于 1988 年共同提出，是指通过被动设计手段，使建造的房屋消耗极少的能源就能维持舒适室内热环境的建筑。德国被动房研究所（Passive House Institute）拥有其商标知识产权。被动房并无明确定义，其技术路线为通过大幅度提升围护结构热工性能和气密性，并利用高效新风热回收技术，将建筑供暖需求降低至 15kWh /（m^2 · a）以下，从而可以使建筑物摆脱传统的集中供热系统。

世界上首座被动式建筑于 1990 在德国中部城市达姆斯塔特（Darmstadt）。以 Mr.Wolfgang Feist 为首的主要由物理学家、数学家、气候环境学家、材料学家以及专业工程人员组成的科研团队，对由这一概念形成的被动式建筑的技术进行了 20 年不间断的系统性研究与测试，并在近 20 年的建造、推广实践中形成一整套成熟的技术和施工规范。2000~2001 年 Mr.Wolfgang Feist 以技术总监、首席科学家的身份主持、领导了欧洲“CEPHEU”计划的实施（被动式住宅成本效率欧洲标准）。

欧盟称绿色低能耗建筑为“近零能耗建筑”（nearly zero energy building）。欧盟于 2010 年 7 月 9 日发布了《建筑能效法案（修订版）》，要求各成员国确保在 2018 年 12 月 31 日起，所有政府持有或使用的新建建筑达到“近零能耗建筑”要求；在 2020 年 12 月 31 日起，所有新建建筑达到“近零能耗建筑”要求。由于欧盟成员国经济不平衡、气候区跨度大、成员国可以以本国实际情况为基础、以充分考虑节能技术成本效益比为前提，提出其“近零能耗”建筑量化目标，并没有统一明确的量化节能目标。对于“近零能耗建筑”，欧盟各国也存在不同的具体定义。如瑞士的“近零能耗房”（Minergie，也称迷你能耗房或迷你能耗标准），要求按此标准建造的建筑其总体能耗不高于常规建筑的 75%（即节能 25%），化石燃料消耗低于常规建筑的 50%（可理解为节省一次能源 50%）；如意大利的“气候房”（climate house，Casaclima），指建筑全年供暖通风空调系统的能耗在 30kWh /（m^2 · a）以下。近零能耗建筑的设计技术路线主要强调通过建筑自身的被动式、主动式设计，大幅度降低建筑供热供冷的用能需求，并达到能耗控制目标的降低。

截至目前，欧洲已建成了包括住宅、学校、医院、政府办公楼、公共建筑在内的各类被动式建筑超过 10000 多幢，其卓越的宜居、生态、节能、环保、经济性获得了欧洲各国的高度赞誉与一致认同。在欧洲，围绕着“被动式建筑”的开发建造业已形成了庞大而完整的产业供应链体系，该产业体系已成为欧洲低碳、零碳经济的重要组成部分，是欧洲新经济的一亮点。截至 2018 年，以技术交流、概念推广及供应链产业的产品展览、展示为特征的“国际被动式建筑大会”（International Passive House Conference）已成功举办了 22 届，为世界推动建筑节能发展做出了贡献。

2. 美国绿色低能耗建筑的发展

在将建筑能耗降到更低的“节能型建筑”用词方面，美国提出的是“零能耗建筑”（zero energy building）。美国能源部建筑技术项目在《建筑技术项目 2008~2012 规划》中提出，建筑节能发展的战略目标是使“零能耗住宅”（zero energy home）在 2020 年达到市场可行，使“零能耗建筑”（zero energy building）在 2025 年实现商业化。

“零能耗住宅”指通过与可再生能源发电发热系统连接，建筑物每年产生的能量与消耗的能量达到平衡的低层居住建筑。“零能耗建筑”通过使用更加高效的建筑围护结构、建筑能源系统和家用电器，使建筑物的全年能耗降低为目前的

25%~30%，并由可再生能源对其供能，达到全年用能平衡。

3. 我国绿色低能耗建筑的发展

2006 年，我国住房和城乡建设部与德国能源署共同成立了德中促进中国建筑节能工作小组，并于 2009 年决定在中国开展“被动式低能耗建筑示范建筑项目”。2010 年，上海世博会的德国汉堡之家（见图 1-2）和伦敦案例馆（见图 1-3）是我国建筑物迈向更低能耗的首次探索。2011 年，中德签署《关于建筑节能与低碳生态城市建设技术合作谅解备忘录》，标志着中德技术合作“被动房”示范项目建设在我国正式启动。2012 年，河北省秦皇岛“在水一方”小区 C15 号楼（见图 1-4）、河北省建筑科技研发中心科研办公楼（见图 1-5）、黑龙江哈尔滨溪树庭院 B4 号楼等被动式低能耗建筑示范工程相继开始建设。在示范项目的引领下，被动式低能耗建筑在中国得到了很快的发展。在短短的五六年内，被动式低能耗建筑经历了从无到有、从北方地区的试点到全国各气候区的试点、从个别的试点建设到规模化的住区开发、从只有住宅建筑到各种建筑类型的发展过程。

图 1-2　上海世博园汉堡之家

图 1-3　上海世博园伦敦案例馆

图 1-4　秦皇岛“在水一方”C15 号楼

图 1-5　河北省建筑科技研发中心科研办公楼

伴随着示范项目的实施和推广，河北省《被动式低能耗居住建筑节能设计标准》、国家《被动式超绿色低能耗建筑技术导则（试行）（居住建筑）》等相关标准规定陆续出台。同时，我国“十三五”规划提出：积极开展超低能耗建筑、近零能耗建筑建设示范，提炼规划、设计、施工、运行维护等环节共性关键技术，引领节能标准提升进程，在具备条件的园区、街区推动超低能耗建筑集中连片建设。鼓励开展零能耗建筑建设试点。开展超低能耗小区（园区）、近零能耗建筑示范工程试点，到 2020 年，建设超低能耗、近零能耗建筑示范项目 1000 万 m^2 以上，预示着我国的被动式低能耗建筑的发展将由起步期进入快速发展时期。

1.3 绿色工业建筑的发展

工业建筑主要是为了满足生产工艺的需要建造的。工业建筑自古就有，从手工作坊到现代工业化建筑经历了漫长的历史，尤其到 18 世纪后，近代工业发展迅猛，工业建筑规模越来越大。很多年来，工业建筑的建设重点考虑对生产工艺要求的满足性，很少关注其自身是否节约能源以及其建设对环境产生怎样的影响。随着生态环境的不断恶化，人类在重视民用建筑的节能和绿色的同时，工业建筑如何节能、如何与环境和谐共生，逐渐受到人类的重视。绿色工业建筑越来越被关注。

1.3.1 国际绿色工业建筑的发展

西方工业建筑的规模建设，是在 18 世纪后期最早出现于英国，后来美国以及欧洲其他国家随着近代工业化发展的进程，逐步开始兴起。苏联则于 20 世纪 20~30 年代开始规模化发展。那时的工业建筑纯粹为了满足生产工艺的要求，从结构形式上不断变化和进步，例如 1845 年，苏格兰的精炼厂首次利用了现代框架结构，1871 年法国建设了多层厂房。到 19 世纪末，德国的工业水平迅速赶上了英国和法国，为了满足其工业化的发展，德国成立了“德意志制造联盟”，其中的一位具有威望的建筑师以工业建筑为基地来发展真正符合功能和结构特征的建筑，产生了前所未有的新形势。标志性的现代工业建筑在德国兴起。随着各种新材料的出现和新技术的进步，工业建筑的结构形式越来越丰富，对生产工艺的适应性越来越强。

西方的工业革命，在提高生产率的同时也带来了环境污染和资源严重消耗等问题，对生态环境的可持续发展造成了消极影响。如何实现工业建筑的可持续发展成为政府和行业面临的问题。从 20 世纪 60 年代开始，在一些工业发达的西方国家，建筑师开始关注旧工业建筑的改造和再利用，改造过的旧工业建筑有的被民用化，取得了良好的效果。

20 世纪 90 年代以来，发达国家工业生产开始向“绿色工厂”转变，逐步探索绿色工业建筑的道路。1990 年英国率先提出了世界上第一个可持续建设评价体系——《建筑研究所环境评价法》(Building Research Establishment Environment Assessment Method，简称 BREEAM 体系)，其中包括 BREEAM 工业建筑、BREEAM 办公建筑、BREEAM 生态建筑等 16 个板块。美国、日本等国家也相继提出了 LEED、CASBEE 等绿色建筑评价体系。这些有关绿色工业建筑评价体系的推出和实施，对工业建筑的可持续发展起到了很好的促进作用。

1.3.2 我国绿色工业建筑的发展

我国的现代工业建筑是在新中国成立后，通过向前苏联学习，演变而来的。我国的工业化进程起步较晚，相比经济发达国家现在所处的“后工业时代”，我国的工业化进程正在飞速推进。环境恶化的压力和大量工业建筑的需求，使我国更加重视绿色工业建筑发展。“绿色工业建筑”是指能高效利用自然资源，尽量降低对环境的影响，为工作人员提供健康、适宜、安全的工作环境，满足绿色建筑要求的工业生产建筑物或构造物。

自 2009 年以来，我国加快对绿色工业建筑技术和评价体系的研究。2009 年住房和城乡建设部开始启动绿色工业建筑评价标准的编制工作；2010 年《绿色工业建筑评价导则》(建科〔2010〕131 号)发布实施；2012 年，中国城市科学研究会绿色建筑研究中心以《绿色工业建筑评价导则》为依据，评审出首批绿色工业建筑；2013 年 8 月，《绿色工业建筑评价标准》(GB/T 50878—2013)正式发布(2014 年 3 月 1 日起实施)，是目前绿色工业建筑评价的主要依据，评价按照设计和运行两个阶段分别进行，针对通过不同阶段评价的工业建筑颁发相应的标识，并由低到高细分为一星、二星、三星等三个等级。截至 2016 年底，获得绿色工业建筑标识的项目 46 个，其中获得设计标识 33 个，运行标识 13 个；一星 3 个，二星 18 个，三星 25 个，总建筑面积约 725 万 m^2。

经过十几年的积累与发展，绿色工业建筑的理念逐步得到认可，在业内基本形成共识，且技术体系相对完善，绿色建筑技术越来越多地应用在工业建筑的设计、施工、运行过程中。目前，绿色工业建筑的发展与绿色生态城区、工业园区的发展紧密结合，正朝着品质化、广度化、深度化的方向不断延伸，在降低能耗、保护环境方面发挥了重要作用。

1.3.3 变电站绿色建筑的发展

变电站作为工业建筑的一种，其在社会能源的供应中起着至关重要的作用。人类的生活、生产需要消耗大量的能源，电能作为安全、优质、高效、清洁的二次能源，用其替代化石能源在能源终端消费中的份额已经成为能源发展的重要趋势。因此，电力工业的发展不仅关系到国民经济的发展，而且对人们的日常生活、社会稳定都有着极其深远的影响。对电能安全、可靠同时损耗尽量少的输送供应，至关重要。

电网建设是电力工业发展的基础，随着社会经济和用电需求不断增长，电网建设长期处于高速发展的阶段。电网主要由输电线路和变电站组成，其中变电站建筑，涵盖了规模、功能、作用不同的多种建筑物和构筑物。建设节能高效的变电站绿色建筑，降低变电站建筑的自身能耗，是输电过程中降低损耗和保护环境的一项重要内容。

2004~2014 年我国变电站的建设概况见表 1-3。

2014 年我国变电站数量增至 65168 座，自 2004~2014 年，变电站的数量增长了 1 倍多，如果这些变电站全部实施绿色建设，将会带来可观的环境效益、经济效益和社会效益。

目前，国内变电站在绿色建筑设计和实施方面已经进行了初步探索，取得了阶段性成果，例如国家电网公司在 2008 年即全面开展“资源节约型、环境友好

表 1-3　2004~2014 年中国变电站数量的统计　单位：座

电压等级（kV）＼年份	2014	2013	2012	2010（公用）	2009	2008	2007	2006	2005	2004
1000	10	7	3	2	2					
± 800	8	8	6	4	2					
750	28	24	23	18	10	4	2	2	2	
± 660		2	2	2						
500	589	550	521	436	411	362	300	171	147	127
± 400	2	2	2							
330	181	150	142	116	114	96	81	69	60	52
220	5228	4867	4535	3457	3450	3102	2766	1984	1761	1578
110	25380	23985	22746	15836	18677	17255	16103	12235	11402	7252
35	33742	32662	32190	19687	32631	29633	28581	22479	22159	22753
合计	65168	62257	60170	39556	55297	50452	47833	36940	35531	31762

型、工业化”（简称“两型一化”）变电站建设，明显降低了工程造价和资源消耗，直接体现了绿色发展的理念和方向。但由于目前绿色设计标准不统一、评价体系不完善，变电站绿色建筑理念的贯彻深度和实施效果参差不齐，尚有较大的发展提升空间，亟需开展设计、施工、运行方面的研究和实践。

绿色变电站建筑的建设是高效、环保、安全、节能、经济、可持续发展电力建设中的重要环节之一。

根据变电站设计规范以及中国建筑节能的发展，从 2005 年开始，我国规定新建建筑将强制执行节能 50%的节能标准，因此，依据《公共建筑节能设计规范》GB 50189—2005 设计、建造的变电站，其节能率可达到国家建筑节能 50%的指标。以 2014 年变电站建筑的面积为基数，可得到我国达到节能 50%的变电站建筑约占全国的 55%左右。可见，我国变电站建筑的节能效果并不佳，近几年，我国城镇化速度的加快，以及特高压技术的飞速发展，使得变电站建筑数量逐年增多，绿色变电站建筑的发展更值得引起我们的注意。

在变电站建筑设计中，以往建设的变电站存在设计、建筑标准不统一，设备形式多，建设和运行成本高等情况。其中变电站庭院化、装修材料高档化，建筑面积较大，变电站功能配置重复、冗余，施工工艺复杂，设计优化不够等情况较为突出。并且对变电站建筑工业化建设的方向不明确、思路不清晰、理念不先进。

为了进一步提高变电站建筑建设的效益和效率，按照变电站通用设计的总体原则，深化、细化有关技术原则和设计要求，按照“试点先行、总结完善、稳步推进”的工作步骤，自 2008 年 1 月 1 日起，所有新建变电站工程实施“两型一化”[1]，变电站仅土建方面可直接节约费用就达总造价的 2% ~3%。“两型一化”的理念，在变电站建筑中，体现的就是“低能耗”“绿色”建筑。

国家对环境保护的要求越来越高，绿色环保技术的应用也日益广泛，在社会日益进步的今天，要将绿色环保技术充分运用到生产运行中，发挥更大的作用，更好地走可持续发展道路。绿色变电站建筑，即通过技术、管理创新，在新建或改建变电站建筑建设的过程中，降低其对自然景观和环境的影响，最大可能地减少水土流失，减小植被破坏，减少能源损耗及降低环境污染，实现节地、节材和节能降耗，将效率最大化、资源节约化、环境友好化、管理智能化的理念全面融入变电站建筑规划、设计、建设的全过程。将变电站建筑建设成为绿色低能耗建筑将成为未来的发展趋势。

---

[1] 资源节约型、环境友好型、工业化。

第 2 章　特高压变电站建筑节能

近几年，建设规模不断扩大的特高压电网，成为了解决能源区域分布不平衡、清洁能源高效利用的重要途径，是我国清洁能源发展的战略重点。建设“特高压国家电网，实现能源资源优化配置”作为电网建设的重要目标和任务，对于保证电源和电网安全稳定运行有着重要意义。随着特高压变电站数量不断增多，与之配套的建筑总量也随之攀升，在充分发挥电网优化能源资源配置的同时，如何降低变电站建筑的能源消耗越来越受到关注。

2.1　特高压变电站建筑概述

特高压变电站内建（构）筑物主要包括主控通信楼、继电器室、配电室、消防泵房、备品备件库、消防小室等，根据各地区气候的不同，不同地区的电气设备布置方式也有所区别。特高压变电站建筑见图 2-1。

变电站按照建筑形式和电器设备布置方式，分为户内、半户内、户外变电

图 2-1　荆门 1000kV 特高压变电站建筑工程

站。变电站建筑作为工业建筑形式的一种，主要是依据电气设备生产功能要求，实现工艺流程最优化配置，保证电力系统的安全可靠运行。

户内变电站包括全户内变电站和半户内变电站，其建筑可独立建设，也可与其他建（构）筑物结合建设。全户内变电站所有电气设备包括主变压器和其他高低压电气设备均布置在户内。

半户内变电站的主变压器布置在户外，配电装置布置在户内。是除主变电器以外的全部配电装置集中布置在一幢主厂房内。

户外变电站的设备占地面积较大，控制、直流电源等设备布置在户内，变压器、断路器、隔离开关等主要设备均布置在户外。户外变电站的建筑物一般有高压室、主控室、通信室以及部分办公、值休室等。

2.1.1 建筑种类及功能

特高压变电站内的建（构）筑物主要包含各电压等级的配电装置、主控通信楼、继电器室、配电装置楼（室）、辅助建筑物等。

（1）主控通信楼。主控通信楼不仅具有电气控制和通信的生产功能，建筑物内还布置了工作人员的生活用房，以及大量的通信、控制、电力电缆，承载着运行、工作、生活、管理、后勤等多种功能。按功能分区，建筑内一般主要由运行控制区、日常办公区、值班休息区、后勤保障区等四大区域组成。其中运行控制区由主控制室、自动化及通信机房、交直流电源室、蓄电池室和生产辅助用房等组成，分区功能要求主控制室视野良好、电缆通道合理布置。日常办公区由办公室、资料室、会议室、电视电话会议室、档案室等组成，分区功能要求靠近运行控制区，便于管理。值班休息区由值休室及附属用房等组成，分区功能要求为值班休息区应具有良好的采光通风、远离噪声、与日常办公区合理分区。后勤保障区由厨房、餐厅、卫生间等组成，分区功能要求后勤流线短捷、流畅。

（2）继电器室。继电器室是用于布置变电站继电器设备的房间，特高压变电站中一般设置有1000kV继电器室、主变压器继电器室和500kV继电器室。根据电气设备布置要求在主控通信楼或在相应电压等级场地独立设置。

（3）配电装置楼（室）。配电装置楼一般包括配电装置室、二次设备室以及辅助用房。配电装置室常与其他功能房间合并为一幢综合楼。

（4）辅助建筑物。辅助建筑物一般包括泵房、淋阀间、保安室、备品备件库、消防设备间等。

2.1.2 建筑能耗特点

特高压变电站内建筑物的功能要求，其能耗也不同。继电器室、配电装置楼（室）、辅助建筑物等设备用房的主要能耗为电气设备运行能耗，节能的重点主要为提升设备运行效率。主控通信楼的能耗分为建筑运行能耗和设备运行能耗，除降低设备运行能耗外，还需要提高建筑能效，降低维持建筑室内环境的用能需求。基于以人为本，从提高室内工作环境，降低建筑用能的目的出发，站内建筑节能的重点主要聚焦在主控通信楼。

主控通信楼具有工业建筑的外形特点，一是为了满足工艺、电缆线路布局等要求，建筑体形系数一般偏大，较大的体形系数增加了建筑的传热外表面积，不利于建筑节能；二是为满足部分设备房间的通风要求，建筑设计外窗的面积比较大，即较大窗墙面积比，增加了室内向外传递的冷热量；三是建筑围护结构较多考虑为工艺生产提供使用空间，围护结构的热工性能差，如外墙仍使用传统砖墙，不设计保温系统，外门窗型材和玻璃的保温性差，安装热桥严重，整体气密性差。

另外，主控通信楼集生产、工作、生活于一体，建筑各个功能区域使用目的、室内环境控制要求的不同，建筑具有能耗大、能耗影响因素复杂等特点。

（1）特殊的建筑运行规律。部分功能区域的建筑能耗主要是维持电气设备正常运行而产生的，电气设备需要 24h 连续运行，设备运行模式与民用建筑完全不同，增加了建筑能耗。

（2）环境控制设备能耗大。一方面部分设备房间内的设备散热量较大，热量会通过对流、辐射的方式传递给室内空气，使室内空气温度上升。而电气设备多数要求恒温、恒湿的工作环境，对工作温度要求较高。因此，空调设备需长期使用，增大了空调能耗；另一方面为满足室内通风要求，建筑的外窗数量多、面积大，从而增加了采暖能耗。

（3）建筑存在严重热桥。建筑由于工艺要求而存在较多热桥，比如由室外引入室内的电缆，是通过底部电缆管沟进入建筑内部；多数设备室由于事故排风机的需要，在外墙上留有安装轴流风机的孔洞等，这些热桥都会造成冬季热量的流失。

（4）建筑能耗影响因素复杂。建筑的采暖和空调能耗，除取决于建筑本身的外围护结构内外温差传热产生的能耗外，还要充分考虑设备散热对室内得热的影响。然而多数电气设备的发热量是随着变电站负荷大小变化而变化，且不稳定，因此影响能耗的因素复杂且难以量化确定。

（5）不同地区建筑能耗差异明显。我国幅员辽阔，南北共跨越五个气候分区，不同气候分区建筑能耗特点不同，热工分区相同的不同地域的建筑能耗特性也存在差异。在此选取了上海封周（夏热冬冷地区）与安徽芜湖（寒冷地区）进行不同热工分区之间的能耗对比（见图 2-2），以及四川炉霍县贡唐岗光伏电站、四川甘孜变电站、四川甘孜州色达变电站（均属寒冷地区）进行同一热工分区不同地域之间的能耗对比（见图 2-3），以此来说明各地区变电站建筑能耗特性的差异性。

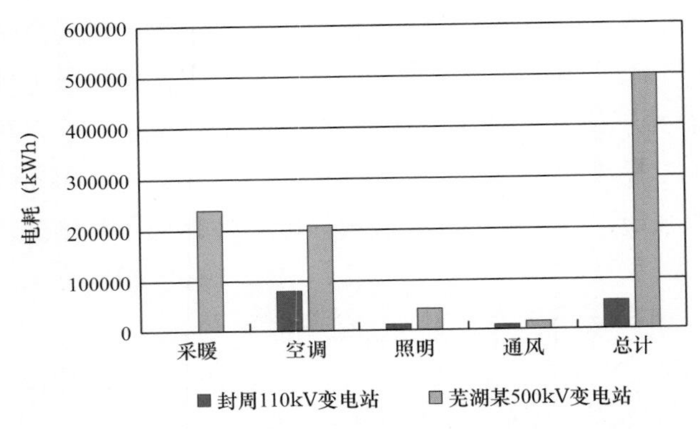

图 2-2　不同地区变电站建筑能耗对比

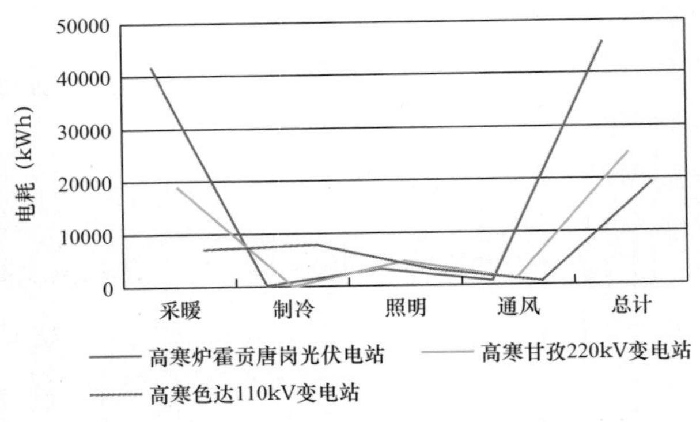

图 2-3　同一热工分区变电站建筑能耗对比

2.2　特高压变电站建筑节能

2.2.1　建筑节能现状

特高压变电站建筑由于使用目的、环境要求的不同，建筑能耗的构成也不尽相同，主要体现在建筑能耗和电气设备能耗两个方面。在电气设备节能方面，我国已达到国际先进水平；但在建筑节能方面，还存在很明显的短缺之处，主要体现在以下两个方面。一方面，建筑节能水平与西方发达国家相比仍存在较大差距，主要表现在起步较晚，技术水平较低，发展缓慢。尤其是外墙热损失方面，我国建筑为欧美国家同类建筑的 3~5 倍，窗的热损失在 2 倍以上。另一方面，目前国内缺乏专门适用于变电站建筑节能的设计标准，虽然规定关于变电站建筑节能方面内容主张参照《公共建筑节能设计标准》(GB 50189)，但是变电站有其自身的建筑特点与设备等作息特性，简单一味地参照《公共建筑节能设计标准》，必然会缺乏指导与评判的准确性，从而导致变电站建筑节能效果大打折扣。

由于受技术水平、规范标准不完善等现状限制，变电站建筑的设计大多从满足基本功能与工艺需求的角度进行考虑，很少开展建筑节能方面的专项设计。

2.2.2　建筑节能主要措施

目前特高压变电站建筑节能重点在于提高围护结构保温隔热性能。围护结构节能技术是指通过改善建筑物围护结构的热工性能，达到夏季隔绝室外热量进入室内，冬季防止室内热量流失至出室外，使建筑物室内温度尽可能接近舒适温度，以减少对主动供暖供冷设备的使用，最终达到节能的目的。建筑物围护结构节能设计一般考虑以下三个方面：

1. 外墙保温隔热

提高外墙的热阻是目前常见的保温隔热措施。变电站建筑采用较多的保温系统主要为外墙自保温和外墙外保温两种形式。

外墙自保温主要采用自保温砌块的方式来实现（见图 2-4），是将保温材料

图 2-4　自保温砌块

置于同一外墙的内、外侧墙片之间，内、外侧墙片均可采用传统的黏土砖、混凝土空心砌块等。外侧墙片设计应优先选用防水、耐候性能良好的材料，方可对内侧墙片和保温材料形成有效的保护，保温材料则可选用聚苯乙烯、玻璃棉、岩棉等。这种自保温系统不受施工季节的限制，可在冬期施工。近年来，自保温系统在位于严寒地区的变电站等得到应用。

外墙外保温系统应用最多的为薄抹灰外墙外保温系统（见图 2-5）和保温装饰一体板系统（见图 2-6）。其中薄抹灰外墙外保温系统是近年来在民用建筑中应用较广泛的保温系统，技术体系相对成熟。该系统是指在墙体外侧粘贴、锚固保温层，保温材料一般为膨胀聚苯板或岩棉等，在保温层外面进行薄抹灰和饰面粉刷，具有施工简单、造价低等特点。但这一系统受到材料、产品性能和施工精细度影响，存在开裂、脱落等风险。此外，薄抹灰外墙外保温系统对建筑外饰面的选择有一定限制，一般为涂料或漆面，若采用石材外饰面，应对保温层、抹灰层进行加强处理，且对石材（瓷砖）的大小及重量具有严格要求。

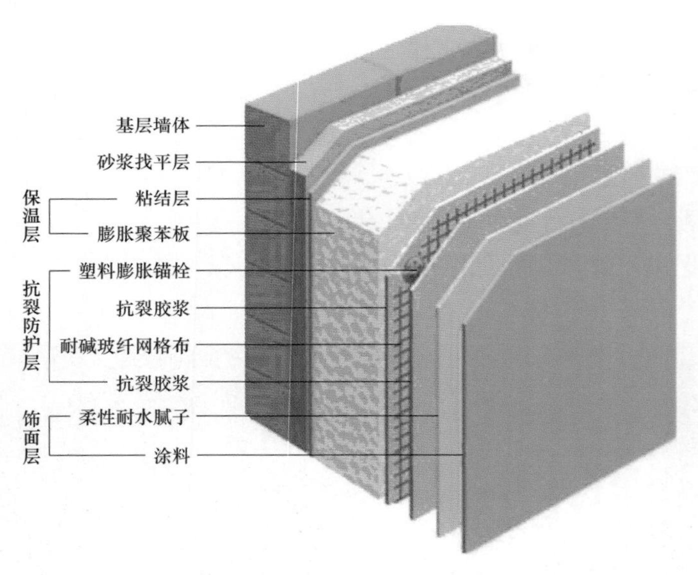

图 2-5　薄抹灰外墙外保温系统构造

保温装饰一体板系统是由粘结层、保温装饰一体板、锚固件、密封材料等组成。其中保温装饰一体板是由饰面板、保温层、背板组成。保温装饰一体板系统不仅适用于新建建筑的外墙保温与装饰，也适用于既有建筑的节能和装饰改造。此类系统将保温层与饰面层在工厂预制结合，现场直接采用粘贴、锚固的方式固

图 2-6　保温装饰一体板

定在基层墙体上，解决了保温层和饰面层分开施工带来的工序复杂、工艺要求高等问题。

2. 屋面保温隔热

屋面节能的原理与外墙体节能一样，是通过改善屋面层的热工性能来阻止热量的传递。目前变电站建筑一般采用保温隔热屋面。屋面保温隔热层做法是在屋面结构层上铺设保温绝热材料，通过提高材料层的保温隔热性能，以减少热量的传递。保温材料一般为挤塑聚苯乙烯泡沫塑料板，它具有保温性能好、价格便宜、质量轻、施工方便等优点。

3. 外门窗

变电站建筑外门窗（见图 2-7）的边框部分多选用塑钢和断桥铝型材，玻璃

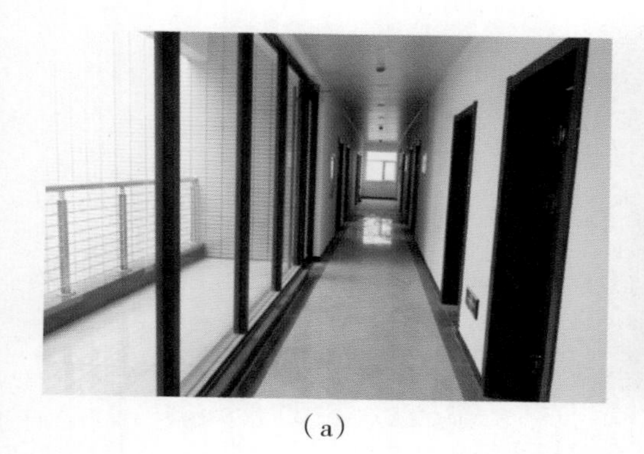

（a）

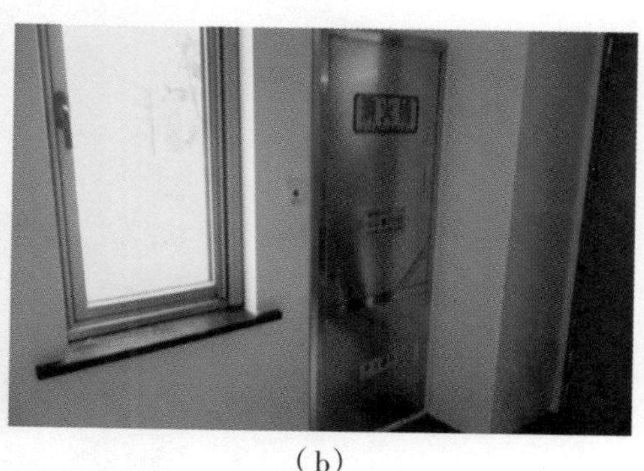

（b）

图 2-7　变电站建筑外门窗

（a）外门安装效果；（b）外窗安装效果

部分采用中空 Low–E 玻璃，一般外门窗传热系数可达到 1.8~3.5W/（$m^2 \cdot K$），气密性可达到《建筑外窗气密性能分级及其检测方法》（GB 7107）规定的 4 级，从而降低了建筑围护结构传热损失，并同时起到隔音、防噪、防尘、防水的作用。此外，在安装过程中加强洞口周边的气密性和热桥处理，以降低其对外的传热损失。

2.2.3 建筑节能实例

近年来，随着我国特高压变电站的建设，以及对该类工业建筑节能的不断重视，变电站建筑在绿色节能方面做了探索研究并付诸工程实践。下面以严寒地区、寒冷地区以及夏热冬冷地区的特高压变电站内的主控通信楼为例，介绍其节能现状。

1. 锡盟 1000kV 特高压变电站

锡盟 1000kV 变电站位于严寒地区，该地区年平均气温为 0~3℃，北部一带年平均气温可达到 0℃以下，10 月平均气温 –17℃以下，北部多在 –20℃以下，部分地区日最低气温 –40℃以下，局部地区 –45℃以下。全年除 7 月外，日最低气温均可出现 0℃以下。建筑节能设计以冬季保温为主，兼顾夏季隔热。

站内主控通信楼（见图 2-8）采用钢筋混凝土框架结构，建筑面积约 1800m^2，建筑朝向设计为南北朝向，外形规整紧凑。建筑外围护结构采用了保温措施，来提升建筑物的整体能效（节能技术统计见表 2-1），其中外墙保温系统采

图 2-8　锡盟 1000kV 特高压变电站主控通信楼实景图

用保温装饰一体板系统，保温材料为 50mm 厚的模塑聚苯板；屋面采用 100mm 厚的挤塑聚苯板，并在保温层上部设置防水层。外门窗玻璃部分采用双层中空节能门窗，保温性能执行《建筑外窗保温性能分级及检测方法》（GB/T 8484—2008）中的 6 级。

表 2-1　　锡盟 1000kV 特高压变电站主控通信楼节能技术统计表

项　目	节能设计
朝向	南北朝向
体形	外形规整紧凑，尽量减少外立面的凹凸变化
外保温系统	外墙：保温装饰一体板（50mm 厚模塑聚苯板）； 屋面：100mm 厚挤塑聚苯板； 外门窗：双层中空节能门窗

2. 北京东 1000kV 特高压变电站

北京东 1000kV 变电站（见图 2-9）位于河北省廊坊市东北 120km 的三河市新集镇，所在地区属于我国气候分区的寒冷地区，该地区年平均气温 10~12℃，1 月温度在 −7~−4℃，7 月温度在 25~26℃。建筑节能设计以冬季保温为主，兼顾夏季隔热。站内主控通信楼采用钢筋混凝土框架结构，建筑面积约 1800m²。主控通信楼综合考虑所在地区的周围环境、气候条件、投资规模、运营费用等

图 2-9　北京东 1000kV 特高压变电站主控通信楼效果图

因素来进行节能设计。建筑节能设计主要参照《公共建筑节能设计标准》（GB 50189—2005），建筑在满足电气总布置要求的前提下，建筑朝向设计为南北朝向，外立面简洁，尽量减少不规则凹凸变化和装饰性构件。

主控通信楼外墙采用300mm厚加气混凝土砌块；屋面采用80mm厚挤塑聚苯乙烯泡沫塑料板，并在保温层上部设置防水层。外窗均采用6mm+12mm+6mm的双层中空玻璃，框料采用保温隔热型的铝合金型材（节能技术统计见表2-2）。

表2-2　北京东1000kV特高压变电站节能技术统计表

项　目	节能设计
朝向	南北朝向
体形	规则矩形，尽量减少外立面的凹凸变化
外保温系统	外墙：300mm加气混凝土砌块； 屋面保温：80mm厚挤塑聚苯板； 外门窗：6mm+12mm+6mm中空断桥铝合金门窗

3. 沪西1000kV特高压变电站

沪西1000kV变电站（见图2-10）位于上海市西南45km的青浦区练塘镇，属于我国气候分区的夏热冬冷地区。该地区气候温和湿润，春秋较短，冬夏较长，年平均气温16℃左右，7月和8月气温最高，月均温度约28℃，1月温度最低，月平均温度约4℃，该气候区建筑节能设计尽量减少夏季辐射得热，降低建筑的冷负荷为主，兼顾冬季保温。

图2-10　沪西变电站主控通信楼效果图

站内主控通信楼采用钢筋混凝土框架结构，建筑面积约 1800m^2。主控通信楼建筑节能设计参照《公共建筑节能设计标准》（GB 50189—2005），建筑在满足电气总布置要求的前提下，建筑朝向设计为南北朝向，外立面尽量设计规整。

主控通信楼外墙为 240mm 厚混凝土多孔砖，屋面采用挤塑聚苯板乙烯塑料保温板（XPS），并在保温层上部设置防水层。外窗均采用 6mm+12mm+6mm 的双层中空玻璃，框料采用保温隔热型的铝合金型材（节能技术统计见表 2-3）。

表 2-3　沪西 1000kV 特高压变电站主控通信楼节能技术统计表

项　目	节能设计
朝向	南北朝向
体形	规则矩形，尽量减少外立面的凹凸变化
外保温系统	外墙：240mm 厚混凝土多孔砖； 屋面保温：40mm 厚挤塑聚苯板； 外门窗：6mm+12mm+6mm 中空断桥铝合金门窗

特高压变电站内的主控通信楼设计均考虑以被动节能措施优先，通过设置合理朝向、控制建筑体形系数和窗墙面积比、充分利用自然通风、自然采光结合提升围护结构保温隔热措施，降低建筑用能需求。以上三个案例中，主控通信楼的建筑外围护结构热工性能基本能达到《公共建筑节能设计标准》（GB 50189—2005）中的要求，即满足节能 50% 的标准要求。

第 3 章　特高压变电站绿色低能耗建筑的设计

近几年，民用建筑在绿色低能耗建筑方面做了很多研究和尝试，取得了阶段性的成果。但是，目前特高压变电站建筑节能基本参照现行《公共建筑节能设计标准》(GB 50189)规定的节能措施进行设计，但是并未考虑绿色节能的要求，如何使变电站建筑最大限度地节约资源、适应环境、减少污染，为工作人员提供健康、舒适、高效的室内环境，达到绿色建筑的要求，是下一步重点研究内容。

特高压变电站建筑实现低能耗，首先从设计阶段就应开始贯彻节能的理念，即建筑节能要从建筑整体综合设计概念出发，与环境、设备、能源等紧密结合，在规划和设计中充分利用自然环境，针对建筑所处的具体气候环境特征，创造良好的建筑室内微气候，减少对供暖供冷设备的依赖，从而达到节能的目的。绿色低能耗建筑的设计内容主要包括：总体规划与平面布置、建筑方案设计、围护结构保温隔热设计、无热桥设计、气密性设计、遮阳设计、机电系统设计。

3.1　设计理念与主要内容

3.1.1　设计理念

(1)关注全寿命周期。全寿命周期是指建筑从规划设计到施工，再到运营维护，直至拆除为止的全过程。特高压变电站建筑应关注在全寿命周期内，最大限度地节约资源、保护环境和减少污染，为站内人员提供健康、适用和高效的使用空间，与自然和谐共生。

(2)注重性能化设计。建筑设计应采用性能化设计方法，以满足建筑功能和性能要求为目标，因地制宜地优化建筑布局，综合优化节能措施，来提升建筑整体能效。

(3)彰显建筑文化。任何事物的存在都有其文化背景和文化内涵。工业建筑的属性使其建筑的外形线条及色彩相对简洁单一。建筑美学设计中，色彩与形态相互依存，相辅相成，色彩能够增加建筑的实际感观，对建筑在造型上的不完美加以弥补，所以变电站建筑的美学设计宜将建筑形体、色彩风格、使用功能与当地文化传统相结合考虑，尽可能地使建筑成为整个环境中的一个有机组成部分，设计可以借助一定的色彩成分来冲淡这种单一、厚重的工业感，为建筑增添视觉魅力，彰显建筑文化内涵。

（4）关注细节品质。建筑设计的精细化可以使每一个建筑细部节点得到高度关注，再加上与建筑工业化的充分结合，可以改变粗放式施工建设方式，有效提升建筑寿命。

3.1.2　技术路线

特高压绿色低能耗建筑的技术路线是通过优化规划和建筑设计，充分利用自然通风、自然采光和太阳辐射得热等被动节能手段，结合高效的外围护结构保温系统、气密性设计、无热桥设计、新风热回收、可再生能源利用等来提高建筑能效（建筑原理见图 3-1）。

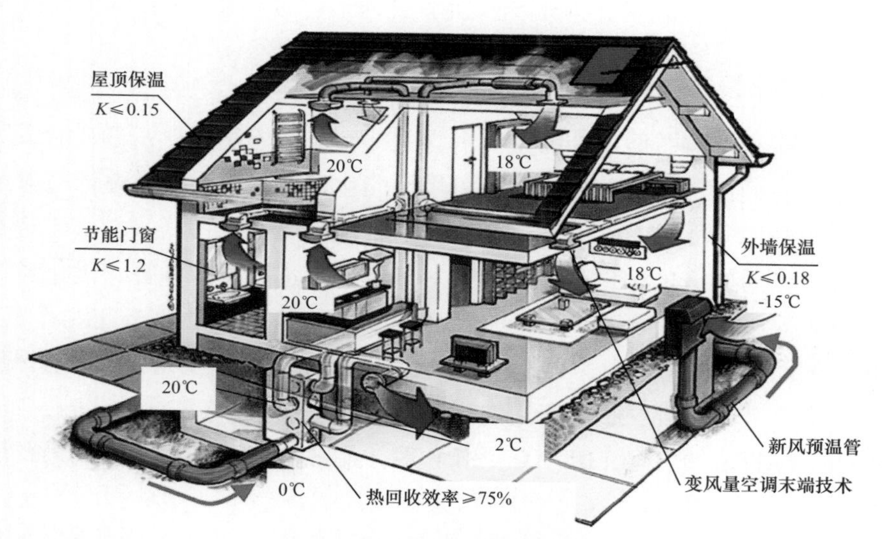

图 3-1　绿色低能耗建筑原理

3.2　总体规划与平面布置

（1）土地利用与生态保护。站址的选择应本着节约土地资源、减少水土流失和环境污染的原则。选址宜利用荒地、劣地，尽量不占用或少占用耕地及经济效益高的土地；同时为保证站址的安全，应选择适宜的地质、地形条件，避开滑坡、泥石流、易发生滚石的地段、塌陷区和地震断裂地带等不良地质构造区。

站区规划应与当地的城镇规划、工业区规划或自然保护区规划相协调，宜充分利用就近的生活、文教、卫生、交通、消防、给排水及防洪等公用设施。建筑规划设计时，应在场地资源利用不超出环境承载力的前提下，节约集约利用土地，合理控制场地开发强度，提高场地的利用效率。

（2）建筑平面布局。建筑平面布局应在满足总体规划要求、站内工艺布置要求的同时，合理地规划建设场地和建筑物布局，使建筑功能分区明确，合理控制建筑面积，提高建筑利用系数。主要生产建筑及辅助（附属）建筑的布置应根据工艺要求和使用功能统一规划，宜结合工程条件采取分类集中、联合布置，优先采用联合建筑和多层建筑方案，节约用地。

建筑的总体布置应根据当地气候特征，尊重地域文化和生活方式优化建筑布局。建筑能够在冬季获得足够的日照并避开主导风向，避免冷风对建筑的影响；增强夏季的自然通风、合理选择和利用景观、生态绿化等措施，减少热岛效应，改善场地的微气候环境，从而降低建筑用能需求。

3.3 建筑方案设计

建筑方案是建筑节能设计的重要内容之一，绿色低能耗建筑设计时，应从分析建筑所在地区的气候条件出发，采用性能化设计方法将建筑设计与建筑微气候、建筑技术和能源的有效利用相结合。其中专业模拟计算软件是建筑实现性能化设计不可缺少的辅助手段。通过对建筑能耗进行模拟计算，优化建筑朝向、体形系数、建筑窗墙面积比、围护结构热工性能、自然通风、自然采光、建筑遮阳、通风方式、新风预热方式、冷热源的选择等，帮助建筑设计师选择最优方案。目前在建筑能耗模拟中使用的能耗模拟软件主要有 DesignBuilder、DeST、EnergyPlus、BECS、PHPP、BEED、PKPM 等，能够对多种类型的建筑进行能耗模拟计算。

（1）合理的建筑朝向。建筑的朝向对建筑获取太阳辐射量和空气渗透量都有影响，因此合理的建筑朝向是影响建筑实现低能耗的重要方面。绿色低能耗建筑的朝向设计，既要避免夏季过多的日晒，又要兼顾冬季能争取较多的日照，减少冬季冷风渗透，并充分利用自然通风，因此建筑朝向宜采用南北向或接近南北向，主要房间避开冬季主导风向。在满足不同气候区最小日照要求的前提下，应尽量提高严寒地区、寒冷地区、夏热冬冷地区建筑冬季南向房间得热，降低夏季东西向房间得热。应将人员长时间停留房间（主控室、值休室、办公室等）尽量布置在南向，满足人员主要用房的自然采光和冬季日照要求。

（2）较小的体形系数。建筑物的体形系数是建筑物与室外大气接触的外表面积与其所包围的体积的比值。它实质上是指单位建筑体积所分摊到的外表面积。一般体积小、体形复杂的建筑以及平房和低层建筑的体形系数较大，这对于建筑节能不利；体积大、体形简单的建筑以及多层和高层建筑的体形系数较小，对建筑节能较为有利。即建筑体形系数越小，建筑的供暖供冷负荷越小，不同建筑体形系数见图 3-2。建筑物的体形系数不只是影响外围护结构的传热损失，还与建筑造型、平面布局、采光通风等密切相关。建筑体形设计在彰显建筑创意的同时，要权衡利弊，尽可能采用规整紧凑性原则，避免过多的凹凸变化，通过性能化设计方法，以能耗需求为控制目标，减少散热表面积，保持较小的体形系数。特高压变电站建筑体形系数一般控制在 0.4 以下，对于单栋建筑面积 300m² 以下的小规模建筑以及形状奇特的少数建筑，体形系数宜控制在 0.5 以下。

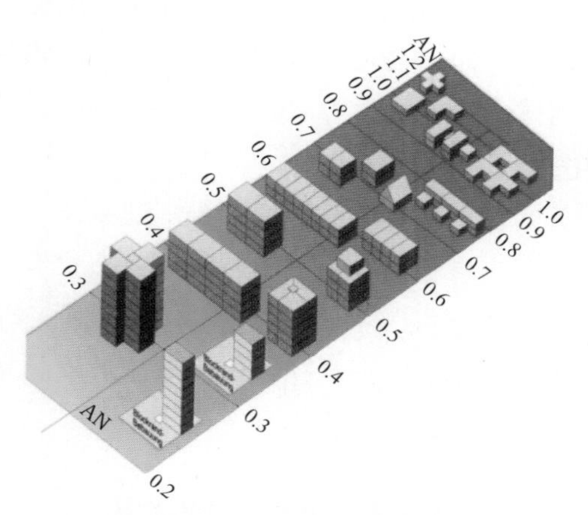

图 3-2　不同建筑的体形系数

（3）合理控制窗墙面积比。过大的窗墙面积比不仅超出了对自身功能如采光、通风的要求，还增加了冬季供暖能耗和夏季空调能耗。因此，变电站建筑的窗墙面积比应综合建筑自然采光、自然通风、建筑能耗等要求进行权衡设计。一般情况下，严寒和寒冷地区应尽量减少北向外窗面积，在满足其他设计要求的前提下，增大南向外窗面积，有利于冬季获得更多的太阳辐射得热。特高压变电站绿色低能耗建筑方案设计时，窗墙面积比的指标控制可参照现行《公共建筑节能设计标准》（GB 50189）并利用性能化设计方法优化，在满足能耗需求及基本采光、通风要求下，确定合理的窗墙面积比。

3.4 围护结构热工设计

围护结构是指建筑物及房间各面的围护物，分为透明和不透明两种类型；不透明围护结构有墙、屋面、地板、顶棚等；透明围护结构有窗户、天窗、阳台门、玻璃隔断等。按是否与室外空气直接接触，围护结构可分为外围护结构和内围护结构。一般情况下，围护结构是指外围护结构，包括外墙、屋面、外窗、外门，以及不供暖楼梯间的隔墙和户门等。

民用建筑在严寒地区、寒冷地区以及夏热冬冷地区推广实施的绿色低能耗建筑项目较多，积累了相对丰富的实践经验，结合已有的工程实践，本章绿色低能耗建筑的设计思路和主要内容也重点针对位于这三种气候区的特高压变电站绿色低能耗建筑，其他气候区可根据当地气候条件，参照设计。

特高压变电站绿色低能耗建筑的围护结构设计应采用性能化设计方法，以建筑能耗和室内环境目标为导向，合理确定围护结构的保温隔热等性能参数，选择适用的门窗及屋面、墙体的保温材料等。

3.4.1 保温材料的选择

低能耗建筑最显著的特点是具有高效的保温隔热系统，目前外墙、屋面等部位的保温材料主要分为有机材料与无机材料两种。有机材料一般有聚苯乙烯泡沫塑料（EPS）、石墨聚苯乙烯泡沫塑料、挤塑聚苯乙烯泡沫塑料（XPS）、硬泡聚氨酯（PU）、酚醛板等。无机材料一般有岩棉、泡沫玻璃、发泡水泥等。常用保温材料的主要性能参数见表 3-1。

表 3-1　常用保温材料的主要性能参数

保温材料	材料名称	导热系数[$W/(m^2 \cdot K)$]	防火等级
有机保温材料	聚苯乙烯泡沫塑料（EPS）	≤ 0.039	B2
	石墨聚苯乙烯泡沫塑料	≤ 0.032	B1
	挤塑聚苯乙烯泡沫塑料（XPS）	≤ 0.032	B2（B1）
	硬泡聚氨酯（PU）	≤ 0.024	B2（B1）
	酚醛板	≤ 0.040	B1（A）
无机保温材料	岩棉	≤ 0.045	A
	泡沫玻璃	≤ 0.050	A
	发泡水泥	≤ 0.070	A

严寒和寒冷地区绿色低能耗建筑的高效外保温系统一般设有较厚的保温层，保温层厚度的增加，会影响其固定的可靠性和耐久性，过厚的保温层也会占据更多的有效室内使用面积，因此绿色低能耗建筑非透明外围护结构保温材料的选择，应在满足建筑防火要求的前提下，在同类产品中尽量选择导热系数低、耐候性强等性能指标好并便于施工的保温材料。与普通 EPS 板相比，石墨聚苯板耐火等级提升到 B1 级，在达到相同保温效果下，石墨聚苯板比普通聚苯板在厚度上减少了约 15%，在绿色低能耗建筑外墙保温系统（建筑防火等级要求为 B1 级）中应用相对广泛。屋面、地面保温材料选择时，还应具备较低的吸水率和较好的抗压性能，XPS 板因具有较好的抗压性和较低的吸水率，在绿色低能耗建筑屋面和地面保温系统中应用较为广泛。变电站绿色低能耗建筑外保温系统保温层的厚度应根据所选材质，结合工程所在地的气候特征，以建筑能耗指标为导向进行性能化设计确定，不同气候区外墙、屋面及地面的平均传热系数（K）可参考表 3-2。

表 3-2　　围护结构平均传热系数（K）参考值

<table>
<tr><th>平均传热系数
K [W/(m^2 · K)]</th><th>严寒地区</th><th>寒冷地区</th><th>夏热冬冷地区</th></tr>
<tr><td>外墙</td><td rowspan="2">0.10~0.20</td><td>0.10~0.25</td><td rowspan="2">0.20~0.35</td></tr>
<tr><td>屋面</td><td>0.15~0.25</td></tr>
<tr><td>地面</td><td>0.20~0.30</td><td>0.25~0.40</td><td>—</td></tr>
</table>

3.4.2　外墙保温系统设计

一般绿色低能耗建筑采用的是外墙外保温系统，常用的有石墨聚苯板薄抹灰外墙外保温系统、岩棉薄抹灰外墙外保温系统、保温装饰一体板外保温系统、现场喷涂聚氨酯发泡外保温系统等。下面结合绿色低能耗建筑对外墙保温系统的要求，以薄抹灰外墙外保温系统、保温装饰一体板外保温系统为例，介绍其设计要点。

1. 薄抹灰外墙外保温系统

薄抹灰外墙外保温系统由粘结层、保温层、抹面层和饰面层。其中保温层材料主要有聚苯乙烯泡沫塑料、石墨聚苯乙烯泡沫塑料（见图 3-3）、岩棉（见图 3-4）等。

绿色低能耗建筑外保温系统采用粘贴 + 锚固的固定方式。保温层可采用单层

图 3-3　石墨聚苯板

图 3-4　岩棉

或双层粘贴，锚固件应采用断热桥专用锚栓，根据实际工程需要，单平方米断热桥锚栓的数量一般为 6~10 个。面层利用聚合物抗裂砂浆复合耐碱玻纤维网格布作为罩面层以起到防渗漏、抗裂的作用。当外保温系统采用 A 级岩棉时，尽量选用抗拉强度高的岩棉带（纤维垂直于墙面），单平方米断热桥锚栓的数量一般为 6~10 个。对于接触土壤部分的外墙保温材料宜选用防水、耐腐蚀、耐冻融性能较好的挤塑聚苯板。石墨聚苯板薄抹灰外墙外保温系统、岩棉薄抹灰外墙外保温系统见图 3-5 和图 3-6。

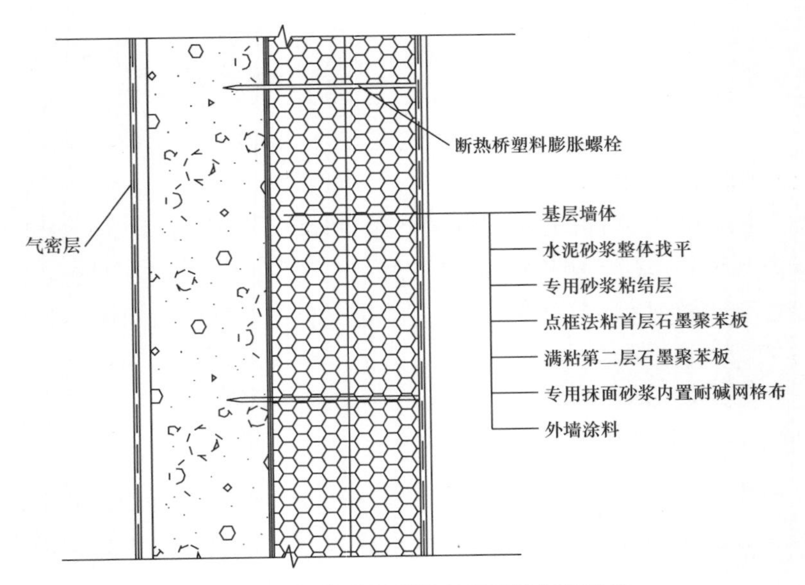

图 3-5　石墨聚苯板薄抹灰外墙外保温系统

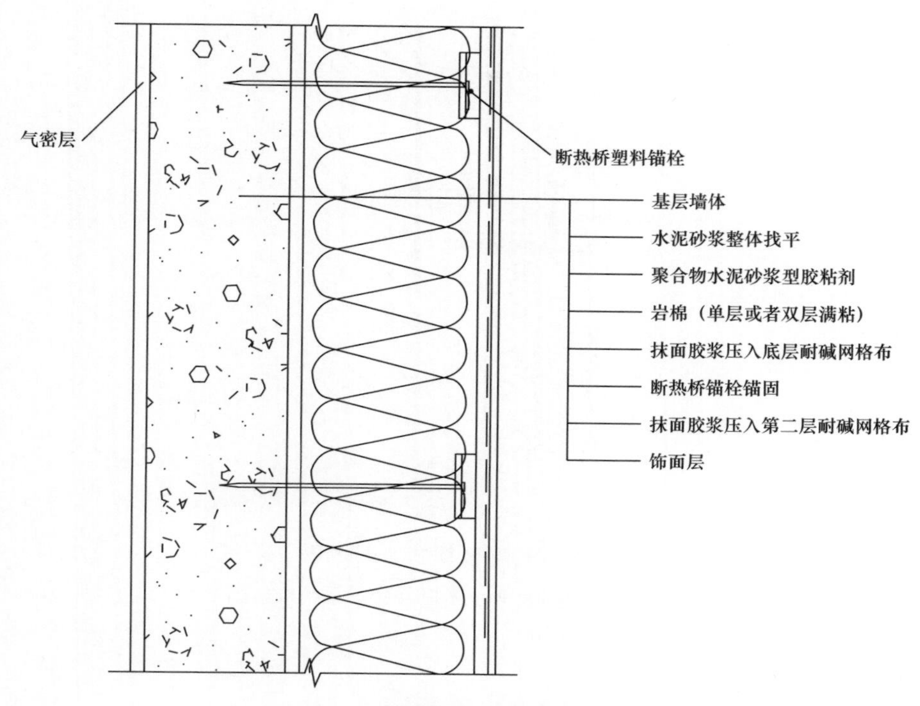

图 3-6　岩棉带薄抹灰外墙外保温系统

2. 保温装饰一体板外保温系统

保温装饰一体板（简称一体板）是在工厂内机械加工预制成型的同时具有保温和装饰两种功能的一体化板材（见图 3-7）。结构材料是高密度的硅酸钙板或压力水泥板，保温材料可根据建筑防火等级要求选择，如聚苯乙烯泡沫塑料、石墨聚苯乙烯泡沫塑料、挤塑聚苯乙烯泡沫塑料、硬泡聚氨酯、酚醛板、岩棉板等。一体板的饰面层效果可根据具体需求进行加工，具有多样化特点。

保温装饰一体板外保温系统由基层墙体粘结层、节能装饰板、干挂件等组成。一体板通过粘贴加锚固的形式固定于基层墙体上，从减少保温系统热桥角度考虑，绿色低能耗建筑设计保温装饰一体板外保温系统时，应尽量减少锚固件与墙体之间的连接面积和数量，锚固件与基层连接时应采用一定厚度的隔热垫片进行断热桥处理，一体板与墙体之间的空腔层应填充保温并进行密封处理，相邻板材之间要求进行保温和防水密封处理。保温装饰一体板外保温系统安装方式简单方便，采用了装配式的施工建造方式，不受天气环境限制，可明显缩短施工周期。

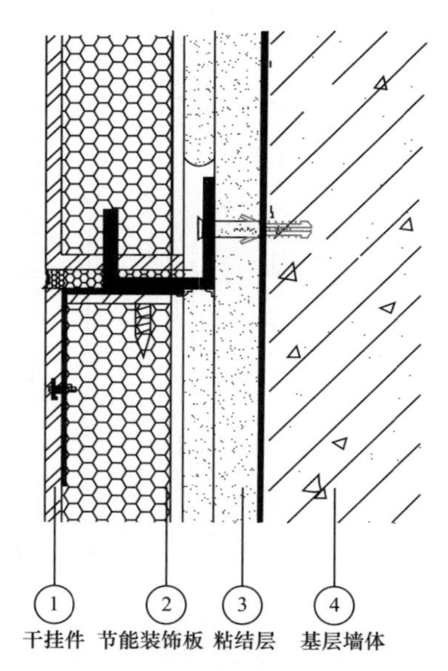

图 3-7　保温装饰一体板外保温系统构造图

3.4.3　屋面保温系统设计

屋面保温系统设计时兼顾保温、隔热和防水要求。在选择保温层材质时应综合考虑材质的导热系数、容重、耐候性、抗压性及经济性等因素。绿色低能耗建筑保温层的厚度应根据所选材质，结合工程所在地的气候特征，参照传热系数要求（见表 3-2），并以建筑能耗指标为导向进行性能化设计确定。低能耗建筑屋面保温隔热材料一般多选用板材类材料，如挤塑聚苯乙烯泡沫塑料板、高密度石墨聚苯乙烯泡沫塑料等。目前部分绿色低能耗建筑项目还尝试采用聚氨酯现场喷涂。

绿色低能耗建筑屋面保温系统设计时，在屋面结构楼板处应设置防水隔汽层，避免室内水蒸气通过屋面结构板渗透至保温层内。保温层上部应设置耐久性良好的防水层，避免日后雨水渗漏，破坏保温系统，降低屋面整体保温效果。

绿色低能耗建筑根据所在气候区特征，可适当采用屋顶绿化来提高屋面热阻以起到良好的保温隔热作用。屋顶绿化的构造做法是在建筑物结构楼板、保温层和屋顶防水层之上增加了为植物生长所必需的构造层（见图 3-8）。屋顶绿化技术可减缓热岛效应，无论夏季或者冬季，绿化植被下的屋面温度波动小，缓解室外环境对屋面的冷热冲击，节约空调采暖能耗，且能延长建筑屋顶的使用寿命。

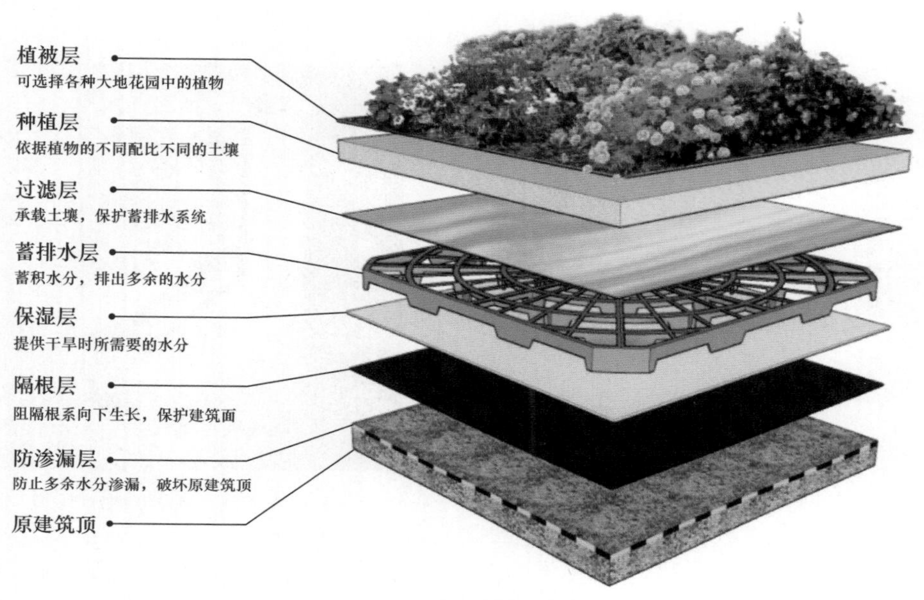

图 3-8　屋顶绿化构造图

3.4.4　地面保温系统设计

位于严寒和寒冷地区的绿色低能耗建筑，当没有设计地下室或有非保温地下室时，建筑首层地面应进行保温处理。夏热冬冷地区，在保证地面不结露的前提下，可不进行保温，地面传热系数参照表 3-2 进行性能化设计。

3.4.5　外门窗系统设计

外门窗系统是围护结构保温和气密性最薄弱的环节，其保温隔热性能是影响建筑室内热环境质量和建筑节能的主要因素之一，因此增强外门窗的保温隔热性能，是改善室内热环境质量和提高建筑节能水平的重要环节。从建筑节能的角度看，建筑外窗既是热量损失的构件，也是得热构件（见图 3-9），即通过太阳光透射入室内而获得太阳光热，因此外门窗的设置应综合建筑自然采光、自然通风及建筑能耗等因素。

自 2012 年以来，国内通过绿色低能耗建筑的建设以及市场引导，高性能门窗（见图 3-10）实现了快速且具有实质性的发展并得到广泛应用，实现本土化的发展，这对于特高压变电站绿色低能耗建筑在高性能门窗的选择上，提供了较为广泛的选择空间。

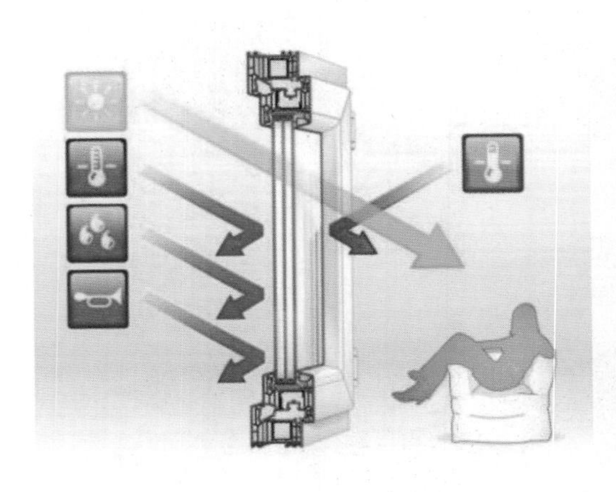

图 3-9　高效保温隔热外窗

图 3-10　高效保温隔热外门窗

1. 外窗性能基本要求

绿色低能耗建筑设计采用的高性能保温隔热外门窗可根据不同气候区特点进行选用，外门窗传热系数（*K*）和太阳得热系数（SHGC）可参考表 3-3 进行设计。

表 3-3　　外窗传热系数（*K*）和太阳得热系数（SHGC）参考值

参数指标		严寒地区	寒冷地区	夏热冬冷地区
传热系数 *K*［W/(m^2·K)］		0.70~1.20	0.80~1.50	1.0~2.0
太阳得热系数（SHGC）	冬季	≥ 0.50	≥ 0.45	≥ 0.40
	夏季	≤ 0.30	≤ 0.30	≤ 0.15

为防止结露，设计应利用建筑门窗玻璃幕墙热工计算软件模拟计算门窗内表面温度。外窗内表面（包括玻璃边缘）温度不应低于 13℃；在设计条件下，外窗内表面温度宜高于 17℃，保证室内靠近外窗区域的舒适度。应根据建筑所处的气候区优化选择外窗太阳得热系数（SHGC）值，严寒和寒冷地区以冬季获得太阳辐射量为主，太阳得热系数（SHGC）值应尽量选上限，同时兼顾夏季隔热；夏热冬冷地区应以尽量减少夏季辐射得热，降低建筑冷负荷为主，太阳得热系数（SHGC）值应尽量选下限，同时兼顾冬季得热。当建筑外窗设计可调节外遮阳设施时，夏季可利用遮阳设施减少太阳辐射得热，外窗的太阳得热系数（SHGC）

值主要按冬季需要选择，兼顾夏季外遮阳设施的实际遮阳效果确定数值。

外门窗应具有良好的气密、水密及抗风压性能，依据现行国家标准《建筑外门窗气密、水密、抗风压性能分级及检测方法》（GB/T 7106—2008），其气密性等级不应低于 8 级，水密性等级不应低于 4 级，抗风压性能应按现行国家标准《建筑结构荷载规范》（GB 50009）计算确定。基于气密性要求，外窗应采用内平开窗。

2. 外门窗配置

严寒和寒冷地区的外门窗一般选用三层玻璃，夏热冬冷地区可采用双层玻璃，玻璃间充惰性气体（氩气或氪气）或真空，玻璃间隔条采用耐候性良好的暖边间隔条，通过改善玻璃边缘的传热状况提高整窗的保温性能。选用 Low–E（低辐射）玻璃时，应综合考虑膜层对玻璃传热系数 *K* 值和太阳得热系数 SHGC 值的影响。

高效保温的门窗框通过空腔结构或复合保温设计，提高了其保温性能。因此窗框设计选用多腔（至少 4 腔以上）塑料、铝木复合及高效聚氨酯断桥铝等型材。严寒地区和寒冷地区建筑外窗可优先选用塑料外窗和铝木外窗，夏热冬冷地区可根据项目需要，三种类型均可选用。外门窗基本要求参照表 3-3 进行设计，具体窗框和玻璃的配置可由门窗厂家进行专项深化设计。表 3-4 是常见外窗型材和玻璃配置下平开窗的传热系数，设计选用时可参照。

表 3-4　　常见外门窗传热系数

序号	玻璃配置	整窗传热系数［W/（$m^2\cdot K$)］				
		塑料窗	木窗	铝合金窗	木铝复合(木包铝）窗	铝木复合（铝包木）窗
1	5+12A+5+12A+5	1.8~2.0	1.8~2.0	1.9~2.3	1.8~2.2	1.9~2.1
2	5 单银 Low–E+12+5	1.8~2.0	1.8~2.0	1.9~2.3	1.8~2.2	1.9~2.1
3	5 双银 Low–E+12+5	1.7~1.9	1.7~1.9	1.8~2.2	1.7~2.1	1.8~2.0
4	5 三银 Low–E+12+5	1.7~1.9	1.7~1.9	1.8~2.2	1.7~2.1	1.8~2.0
5	5+12A+5+V+5	1.6~1.8	1.6~1.8	1.7~2.1	1.6~2.0	1.7~1.9
6	5 单银 Low–E +12A+5+12A+5	1.5~1.7	1.5~1.7	1.6~2.0	1.5~1.9	1.6~1.8
7	5 双银 Low–E +12A+5+12A+5	1.5~1.7	1.5~1.7	1.6~2.0	1.5~1.9	1.6~1.8
8	5 三银 Low–E +12A+5+12A+5	1.4~1.6	1.4~1.6	1.5~1.9	1.4~1.8	1.5~1.7
9	5 单银 Low–E +12A+5 单银 Low–E+12A+5	1.3~1.5	1.3~1.5	1.4~1.8	1.3~1.7	1.4~1.6
10	5 +12A+5 单银 Low–E+V+5	1.0~1.2	1.0~1.2	1.1~1.5	1.0~1.4	1.1~1.3
11	5 +12A+5 双银 Low–E+V+5	0.9~1.1	0.9~1.1	1.0~1.4	0.9~1.3	1.0~1.2

本节描述了绿色低能耗建筑围护结构的设计要点及外围护结构的一般做法，与常规节能建筑的做法对比详见表 3-5。

表 3-5　　常规节能建筑与绿色低能耗建筑围护结构做法及性能

外墙、屋面地面				
分　类			常规节能建筑	绿色低能耗建筑
保温层厚度	外墙		单层，60~120mm	单层或双层，≥ 200mm
	屋顶			≥ 200mm
	地面		仅周边地面设置保温	整个地面≥ 150mm
保温方式	外墙		外保温、自保温、内保温	大部分为外保温
传热系数 K［$W/(m^2 \cdot K)$］或热阻 R［$(m^2 \cdot K)/W$］	外墙	严寒地区	≤ 0.50	0.10~0.20
		寒冷地区	≤ 0.60	0.10~0.25
		夏热冬冷地区	≤ 1.0	0.20~0.35
	屋顶	严寒地区	≤ 0.45	0.10~0.20
		寒冷地区	≤ 0.55	0.10~0.25
		夏热冬冷地区	≤ 0.70	0.20~0.35
	地面	严寒地区	保温层热阻 R ≥ 1.1	传热系数 K=0.10~0.25
		寒冷地区	保温层热阻 R ≥ 0.6	传热系数 K=0.15~0.35

外门窗		
分　项	常规节能建筑	绿色低能耗建筑
整体传热系数 K［$W/(m^2 \cdot K)$］	窗墙面积比不同，要求不同，总体≤ 2.7	≤ 1.5
玻璃层数	2 层	2~3 层
填充气体	空气	惰性气体 / 真空
间隔条	金属间隔条	暖边间隔条
气密性要求	建筑高度不同，要求不同，总体≥ 6 级 严寒和寒冷地区外门≥ 4 级	不低于 8 级

3.5　无热桥设计

在建筑物保温层不连续的地方，热量从高温向低温处扩散，这些围护结构中的薄弱部位是热量容易通过的桥梁，称为热桥（见图 3-11）。热桥在室内外温差作用下，传热能力比较强，热流比较密集，能量损失明显高于附近的部位。热桥部位不仅是制冷和供暖期内冷热损失最为突出的部位，还会引起室内墙壁结露发霉，严重影响室内环境品质。绿色低能耗建筑设计时，建筑外围护结构保温性能提高后，热桥成为影响围护结构保温效果、室内环境及建筑能耗的重要因素，建筑设计时，应尽量避免热桥产生，主要遵循以下原则：

（1）避让原则：尽可能不破坏或者穿透外围护结构；

（2）击穿原则：当管线等必须穿透外围护结构时，应在穿透处增大孔洞，保证足够的间隙进行保温；

（3）连接原则：保温层在建筑部件连接处应连续无间隙；

（4）几何原则：避免几何结构的变化，减少散热面积。

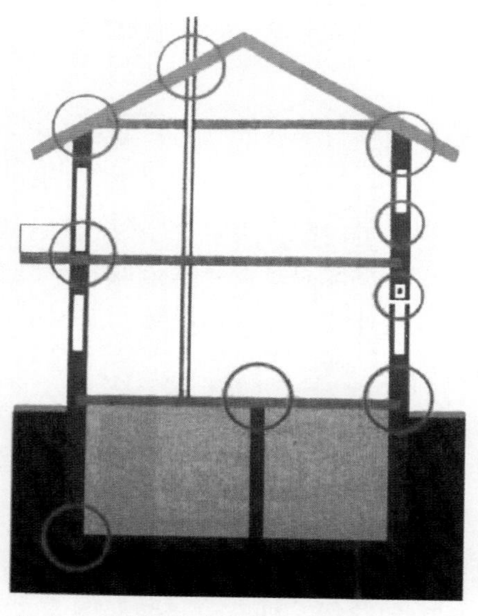

图 3-11　建筑中有可能产生热桥的部位

绿色低能耗建筑在热桥设计时，应辅助热桥模拟计算软件，模拟计算建筑外围护结构热桥部位的内表面温度不应低于室内的空气露点温度。具体设计要点主要包括以下几方面。

1. 外墙的无热桥设计

外墙保温为单层保温时可采用锁扣连接，不能实现锁扣连接时，保温板之间的缝隙应控制在 2mm 以下，超过 2mm 以上的缝隙，采用聚氨酯发泡剂进行填充。

双层粘贴时，两层保温板应错缝粘贴，避免出现通缝。外墙保温层应采用断热桥锚栓固定以避免产生热桥。尽量减少外墙上的结构构件数量以及与主体接触的面积，例如，建筑的外挑阳台板，设计时可采用与建筑主体结构断开的方式或将其用保温板完全包裹；安装在外墙上的太阳能支架，干挂石材所需的龙骨、遮阳设施固定件及其他穿出保温层的金属固定件，设计应要求施工前进行预埋，避免保温层施工完成后，构件安装对保温层造成破坏。当管道需穿外墙时，应预留套管并应在其周边采用保温材料密实填塞。

2. 屋面的无热桥设计

屋面保温系统与外墙保温系统应连续完整，例如，屋面保温层应设置在防水层下侧并应连续铺设到女儿墙顶部，与外墙的保温系统搭接，并在其顶部设置金属盖板以对保温材料进行保护。对于凸出屋面的设备基础、通风竖井等易产生热桥的部位，利用保温材料对其连续包裹。对于穿过屋面的设备管道，应预留大于管径的洞口并在洞口内填塞密实一定厚度的保温材料。

3. 地面无热桥设计

严寒和寒冷地区外墙保温应与地面保温连续完整，并采用防水性较好的保温材料。当建筑设计有地下室，且地下室空间为非采暖房间时，其外墙保温层应延伸至当地冻土层以下，当地下室空间为采暖房间时，地下室内侧保温应从顶板向下设置，长度与地下室外墙外侧保温延伸一致，或完全覆盖地下室外墙内侧。建筑无地下室时，地面保温应与外墙保温尽量连续、无热桥。

4. 外门窗的无热桥设计

外门窗应采用暖边间隔条，且宜尽量减少分格。外门窗设计应利用建筑门窗玻璃幕墙热工计算软件模拟计不同安装条件下外窗传热系数和各表面温度，进行辅助设计和验证。安装方式宜采用窗框内表面与结构外表面齐平的外挂安装方式，安装构件与基层墙体连接处应采用一定厚度的隔热垫片，外保温系统覆盖部分窗框，以减少外门窗系统的安装热桥。外门窗与结构墙体之间的缝隙应采用防水隔汽膜和防水透汽膜进行防水密封。为避免雨水破坏保温层，外窗底部设置突出于外墙面的金属窗台板，且其与窗框之间应进行结构性连接设计。

3.6 气密性设计

建筑良好的气密性对于提高能效有着非常重要的贡献，可以减少建筑在风压（见图 3-12）和热压（见图 3-13）影响下的冬季冷风渗透，降低夏季非受控通风导致的供冷需求增加，避免湿气侵入造成的建筑发霉、结露和损坏，减少室外噪声和空气污染等不良因素对室内环境的影响，提高室内环境品质。

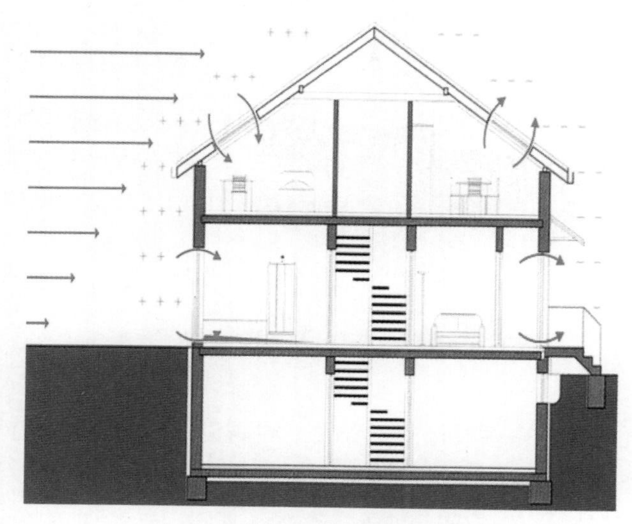

图 3-12　建筑气密性影响（风压）

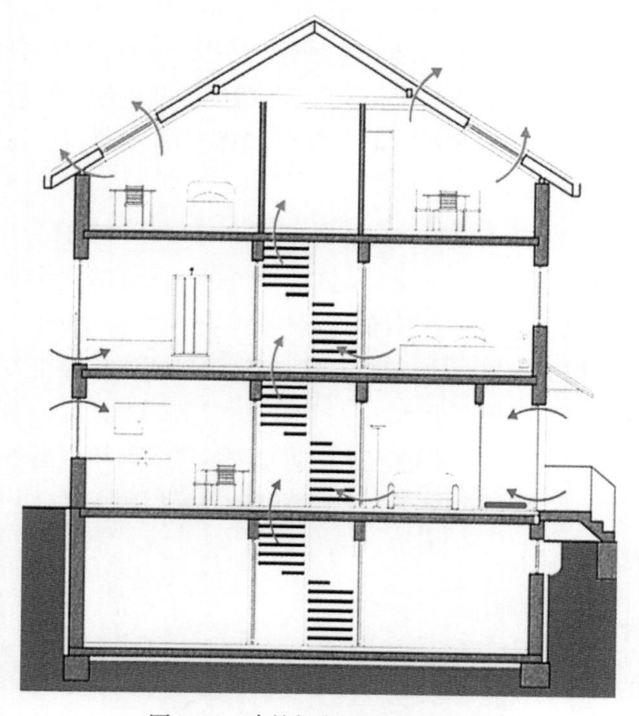

图 3-13　建筑气密性影响（热压）

建筑气密层一般位于建筑的室内侧，在设计阶段要明确定义整个建筑物的气密层。建筑气密层、保温层位置示意见图 3-14。

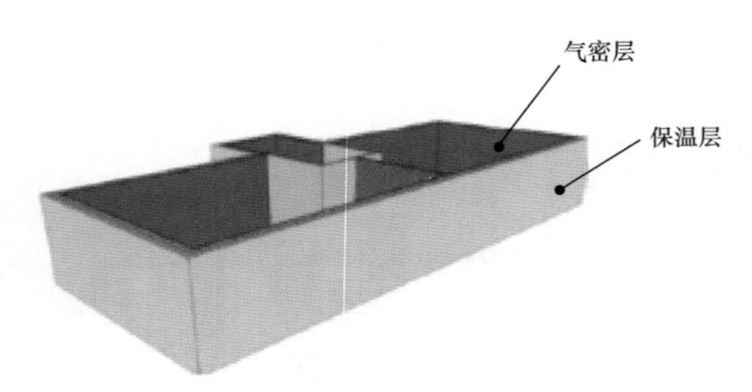

图 3-14　建筑气密层、保温层位置示意图

绿色低能耗建筑气密性设计应贯穿整个建筑设计、材料选择以及施工等各个环节，做到装修与土建一体化设计，基本要求如下：

（1）建筑气密层应该连续不间断。建筑气密层应连续包围整个外围护结构，设计人员在设计时，宜在建筑的平面图、剖面图以及节点详图中标示出清晰的气密层。清晰的气密层有助于及时提起各专业设计人员的注意，并提示施工人员合理安排施工顺序。对门窗洞、接线盒、管线穿气密层等易发生气密性问题的部位，应进行专项节点设计并对气密性措施进行详细说明。常见的可构成气密层的材料包括混凝土构造、一定厚度的抹灰层、气密性薄膜等保温材料、砌块墙体、刨花板等不适于构成气密层。

（2）注重建筑整体的气密性。对于外墙填充墙部分，不宜采用空心类砌块，砌筑时应保证墙面平整，砂浆饱满，灰缝横平竖直，灰缝的砂浆饱满度不得小于 90%。砌筑后内表面应进行气密层抹灰，抹灰厚度不小于 15mm，抹灰应连续不间断，并延续到结构楼板处，抹灰时应采取铺设耐碱网格布等相关措施防止墙面抹灰层日后出现空鼓、裂缝；由不同材料构成的气密层连接处，如外墙填充墙与梁、柱之间的缝隙，宜首先在室内侧粘贴防水隔汽膜，并压入耐碱网格布做抹灰处理，避免出现裂缝。外门窗与墙体之间的缝隙，采用耐久性良好的防水隔汽膜（室内侧）和防水透汽膜（室外侧）进行密封。

3.7　遮阳设计

建筑遮阳的目的在于防止直射阳光透过玻璃进入室内，避免阳光过分照射加热建筑围护结构，减少直射阳光造成的室内温度升高以及眩光等现象，降低空调设备耗能，提高舒适度。建筑遮阳同时也要兼顾采光和通风要求。

依据遮阳构件和建筑外窗的位置关系，遮阳可以分为外遮阳、内遮阳及中间遮阳三种形式。其中，外遮阳可将大部分太阳辐射直接反射出去或者吸收，节能效果较好。内遮阳是将遮阳构件设置在室内，虽然遮阳装置可以反射部分阳光，改善热环境，但遮阳构件所吸收的太阳能仍然留在室内，节能效果并不理想。为此，应当优先选择外遮阳。建筑外遮阳形式可分为固定外遮阳和可调节外遮阳。

（1）固定外遮阳。固定遮阳是将建筑的天然采光、遮阳与建筑物融为一体的外遮阳系统，分为水平遮阳、垂直遮阳和挡板三种形式。设计固定遮阳时应综合考虑建筑物所处地理纬度、朝向，太阳高度角和太阳方向角及遮阳时间，通过对建筑物进行日照分析来确定遮阳的分布和特征（见图 3-15）。

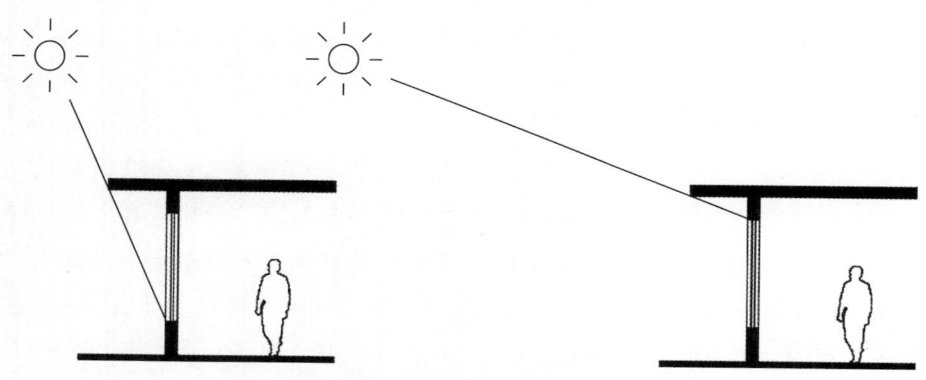

图 3-15　合理设计挑檐尺寸的固定遮阳示意图

（2）可调节外遮阳。可调节外遮阳形式主要分为升降百叶可调节外遮阳（见图 3-16）和可调节遮阳板（见图 3-17）。升降百叶可调节外遮阳能够通过旋转百叶片来调节太阳辐射，让更多的阳光在冬季进入室内，满足遮阳、采光、通风或太阳能利用的需求。叶片应具有一定的抗风压能力和对光线的折射能力。可调节遮阳板是沿某一轴线旋转或平移，分为垂直式、水平式和挡板式。

（3）遮阳设计要点。建筑遮阳设计应根据建筑所在地区的气候特点、房间使用要求以及窗口所在朝向综合考虑。对于严寒和寒冷地区绿色低能耗建筑，南向外窗宜考虑适当的遮阳措施，具体可采用可调节外遮阳或水平固定外遮阳的方式，其中水平固定外遮阳挑出长度应满足夏季太阳不直接照射到室内，且不影响冬季日照的要求。寒冷地区的东、西、南向的外窗均应考虑遮阳措施；夏热冬冷

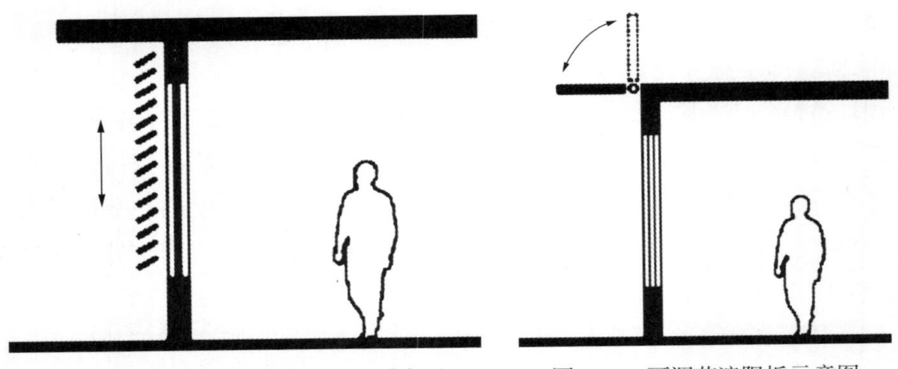

图 3-16　升降百叶可调节外遮阳示意图　　　图 3-17　可调节遮阳板示意图

地区，东、西、南向均应采取遮阳措施，并且东向和西向要重点考虑。东西向遮阳措施可采用可调节外遮阳或可调中置遮阳设施。因东西向在需要避免太阳直晒时，太阳高度角较低，采用水平固定遮阳效果较差，因此宜采用垂直遮阳。

3.8　机电设备系统设计

1. 新风系统

绿色低能耗建筑除具有高效的外围护结构保温系统、无热桥和气密性特点外，还应设置高效带热回收的新风换气系统来满足室内人员对新风的需求。热回收新风机组是在传统新风换气机的基础上增加热回收装置，在排出室内污浊空气、送入室内新鲜空气时，利用污浊空气的冷（或热）预冷（或预热）新鲜空气，按照换热类型分为全热回收型和显热回收型，热回收原理见图 3-18。

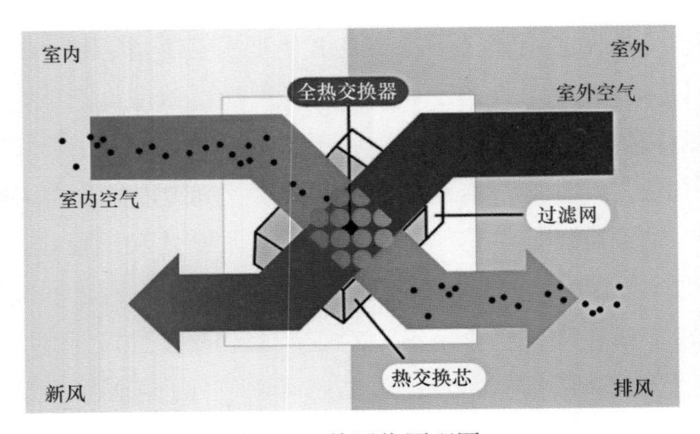

图 3-18　热回收原理图

新风系统的设计基本要求有：

（1）新风量的确定可参照现行《民用建筑供暖通风与空气调节设计规范》（GB 50736）中对主要空间设计新风量的规定进行设计。

（2）新风系统热回收装置根据地区气候特点，结合工程具体情况进行选择确定，夏热冬冷地区和夏热冬暖地区夏季室外空气相对湿度大，宜选用全热回收装置，与显热回收相比，具有更好的节能效果；严寒和寒冷地区，全热回收装置同显热回收装置节能效果相当，显热回收具有更好的经济性，但全热回收装置利于降低结霜的风险，应根据具体项目情况综合考虑。

（3）显然热回收装置的温度交换效率应≥ 75%，全热回收装置的焓交换效率应≥ 70%，通风系统的电力需求≤ 0.45Wh/m^3。

（4）新风引入室内应设置：初效过滤器、高中效过滤器两道过滤。

（5）宜在室内设置 CO_2 感应器，并根据室内 CO_2 浓度控制新风系统。

（6）在严寒和寒冷地区，高效新风热回收系统应设置防冻措施。防冻措施可采用电加热方式，也可采用可再生能源对新风进行预热，如地道风（土壤热交换器）预热室外空气。

2. 辅助冷热源

低能耗绿建筑的采暖需求和制冷小，但并不为零。原则上要求新风系统能够满足室内冷热负荷的需求，但是室外温度较低或者较高，新风系统将难以承担室内全部冷热负荷，所以建筑还要采用辅助的采暖和制冷设施。

不同地区的绿色低能耗建筑应依据所在气候区的建筑能耗特点及冷热源综合效率，选择冷热源及供暖供冷方式，并应优先利用可再生能源，减少一次能源的使用。考虑到变电站建筑内的一些专业设备用房的冷热控制要求，设计应根据冷热需求不同进行分区设置。如主控通信楼集专业蓄电池室、计算机室等工艺设备用房和控制室、办公与值休室于一体，不同功能房间的冷热需求不用，因此供冷热形式应进行分区设置。

绿色低能耗建筑辅助冷热源的选择应以项目及周边能源资源条件为基础，结合总体布局最大限度地利用区域内水能、余热、太阳能、风能、生物质能、地热等可再生能源。基于变电站站址一般远离城镇和建筑的日后运行等问题，对绿色低能耗建筑的设计可优先考虑热泵技术和太阳能利用技术。

（1）热泵技术。不同地区变电站低能耗色建筑设计时可根据站址周围资源环境条件选择应用地源热泵或空气源热泵。

地源热泵（见图 3-19）是一种利用地下浅层地热资源既能供热又能制冷的高

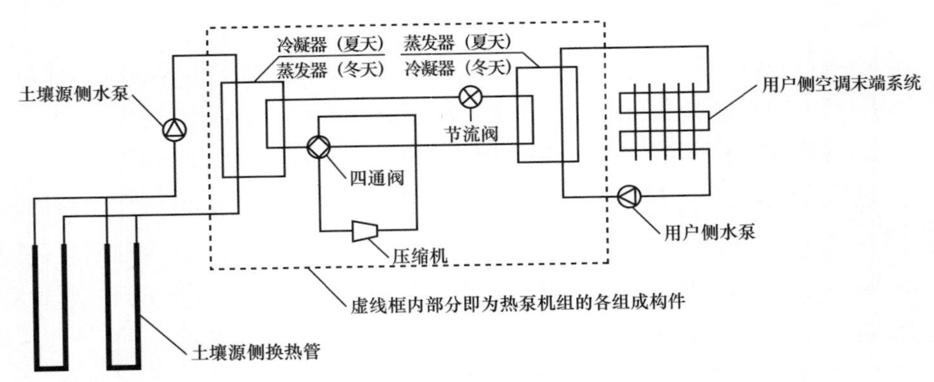

图 3-19　土壤源热泵机组原理图

效节能装置。地源热泵通过输入少量的高品位能源（电能），即可实现能量从低温热源向高温热源的转移。在冬季，把土壤中的热量“取”出来，提高温度后供给室内用于采暖；在夏季，把室内的热量“取”出来释放到土壤中去，并且常年能保证地下温度的均衡。

空气源热泵（见图 3-20）是基于逆卡诺循环原理建立起来的一种节能、环保制热技术，以室外空气为低温热源，经系统高效集热整合后将其提升成为高温热源，用来供暖、供冷及生活热水。变电站建筑中常见的分体式空调、多联式空调系统均是空气源热泵技术的应用。

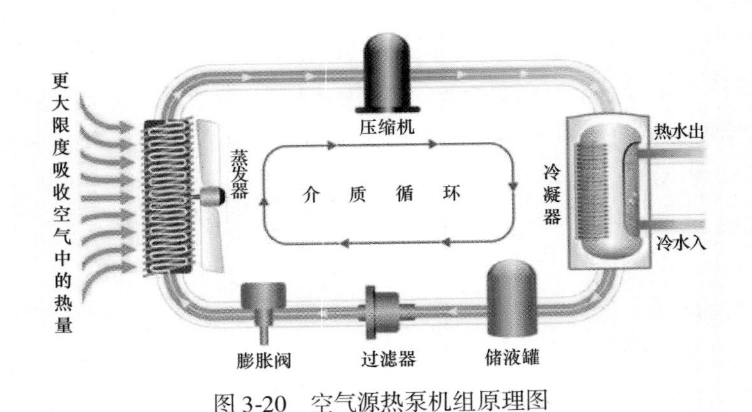

图 3-20　空气源热泵机组原理图

（2）太阳能利用技术。太阳能利用技术主要有太阳能光热系统和太阳能光电系统。

太阳能光热系统常见的形式为太阳能热水系统（见图 3-21），该系统通过集热器利用太阳辐射将水加热并储存，而后加以利用的热水系统，可用于采暖、生

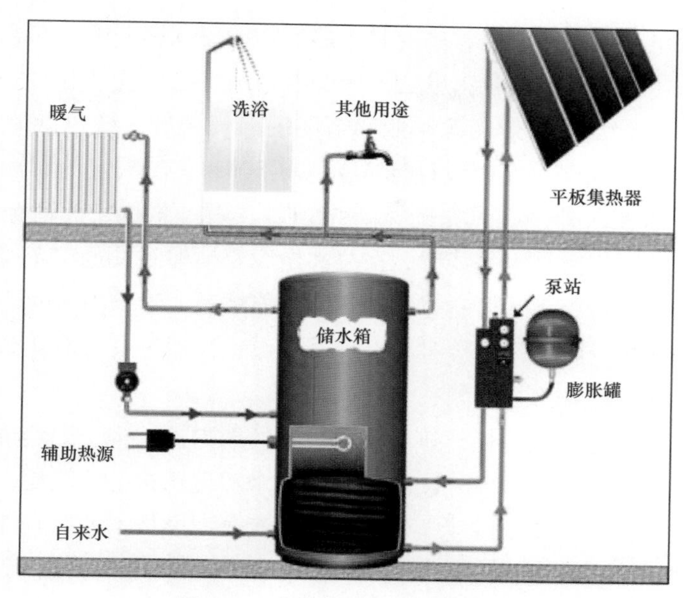

图 3-21　太阳能热水系统原理图

活用热水等。特高压变电站绿色低能耗建筑可优先考虑利用太阳能热水系统为站内工作人员提供日常生活热水。

太阳能光电系统指通过太阳能电池（光伏电池）把太阳能转换为电能的发电系统（见图 3-22）。变电站的主要负荷来自照明、动力、控制等。太阳能光伏

图 3-22　太阳能光电系统

发电系统在变电站应用的思路，主要是在建筑物的屋顶和外墙上安装太阳能电池板，从而将太阳光辐射能转化为电能，向变电站站用电系统供电。

（3）照明与计量。高效光源是照明节能的前提条件，绿色低能耗建筑照明设计应满足或超过《建筑照明设计标准》（GB 50034）中规定的目标值。光源在选择时，无特殊要求外，应优先选择高效 LED 光源。根据实际情况设置合理的照明声控、光控、定时等自控装置，在公共走廊及楼梯间设置声光控延时开关控制。为便于日后运行管理和监测建筑的实际用能情况，建筑内照明插座用电、动力用电、空调用电、特殊用电等进行分项计量设计，通过设置能耗监测系统，对建筑内分类、分项能耗进行监测、管理。

特高压变电站绿色低能耗建筑主要通过高性能围护结构、无热桥设计、气密性设计、新风热回收。可调节外遮阳等建筑技术实现建筑的低能耗，针对不同地区的建筑以及不同使用要求的建筑，设计时应充分考虑技术的适宜性和多种技术的集成，需要科学合理地进行建筑设计，加强各专业之间的协作，从而确定适宜的系统性的节能方案。绿色低能耗建筑设计阶段，各专业应协同设计，机电工程师应参与建筑方案的设计，施工单位应参与建筑保温做法、热桥处理及气密性保障等细部设计，使设计意图能在施工中得到贯彻落实。

第 4 章　特高压变电站绿色低能耗建筑的施工

良好的施工是将设计落地的重要保障。绿色低能耗建筑的施工，改变了以往普通建筑粗放式的施工方式，施工要求更加精细化，施工工艺更加复杂，对施工程序和质量要求也更加严格。另外在保证建筑实现低能耗的同时，通过绿色施工，减少施工带来的环境污染与资源消耗，也是促进建筑行业可持续发展、维持生态环境平衡的重要方面。普通变电站建筑与绿色低能耗变电站建筑在施工阶段存在很大区别，本章主要针对特高压变电站绿色低能耗建筑的特点介绍绿色低能耗建筑在施工策划、工程施工以及工程验收方面的内容。

4.1　施工策划

施工策划作为项目管理的一个重要环节，是指项目施工前，组织专家和相关人员，通过调查研究和收集资料，从技术、经济、管理等方面进行科学分析、论证和组织策划的活动。

4.1.1　施工策划意义及特征

施工策划方案是用来指导施工项目全过程各项活动的技术、经济和组织的综合性文件，是施工技术与施工项目管理有机结合的产物，它能保证工程开工后各项施工活动有序、高效、科学合理地进行。策划方案应该涵盖整个建设项目有关施工的全部内容，要求简明扼要、重点突出地安排好主体工程、辅助工程和其他相关工程的相互衔接和配套。施工条件发生变化时，策划方案须及时修改和补充，以保证其有效性和可实施性。

施工策划要具有预见性。施工策划需要分析未来的施工活动，对这些活动的各种发展、变化趋势进行预测，并对所策划的结果进行评估，提前采取预防措施。

施工策划要具有适用性。对于一个具有相同工艺和规模的项目，因为不同的业主、不同的建设时间、不同的建设地点，以及不同的设计和施工单位、不同的项目管理模式和不同的施工方法等，其项目施工过程和效果会有很大的差异。施工策划不能简单地生搬硬套，需要借鉴以往类似项目的施工管理和施工技术经验，并针对新项目的特殊性突出其创意，策划出新的施工组织方式、施工方法和施工工艺。

4.1.2 施工策划的内容和要求

施工策划按内容可分为总体策划、关键施工活动策划，以及对临时设施、进度、质量、安全、成本、文明施工等管理活动的专题策划。

施工策划的实施主体是施工单位。施工总体策划安排在施工组织设计编制前，其策划成果是编制施工组织设计的重要依据；关键施工活动策划和专题策划一般安排在施工组织设计批准后，关键施工活动或管理活动开始前，作为编制施工方案的依据，或某一管理活动的管理计划，如质量管理计划、安全管理计划的编制依据。

与普通建筑施工相比，绿色低能耗建筑要求更加精细化，施工工艺相对更复杂，因此在项目施工策划中应明确以下关键要求。

1. 质量管理

施工质量管理是建筑施工管理中的重点，绿色低能耗建筑的施工注重过程化的质量控制，因此在建筑施工管理中，对施工质量的监管应该贯穿始终。建筑施工质量管理主要包括两个方面的内容：

（1）建筑材料的监管。建筑材料在建筑施工过程中起着重要的作用，施工材料质量与建筑质量直接相关，因此建筑材料质量的监管尤为重要；材料进场须提供检测报告，进场后应进行抽样复检，两次报告结果应基本一致，并符合设计要求；进场材料的存储、保护应到位，避免进场后损坏。

（2）施工质量管理。在施工前进行充足的准备，施工人员仔细阅读施工方案与施工图纸，并对施工中可能遇到的问题进行预测和提出解决方案；在新技术的应用中，对施工人员进行培训，确保施工人员熟练掌握各项技术，并对施工过程进行严格的质量监控，最大程度上减少施工过程中的操作漏洞，保证建筑施工的整体质量。

2. 进度管理

建筑施工管理的进度安排，主要包括两个方面：

（1）制订合理的进度计划书。在施工前，建筑承包商应该对建筑工程进行实地考察，并根据绿色低能耗建筑的要求、建筑实际施工条件与工期安排制定出合理的施工进度计划书。

（2）对计划实施的结果和实际偏差进行检查。在施工过程中，诸多原因会造成施工的具体情况与原计划出现偏差，因此就需要施工管理人员严格监控施工过程，及时发现并解决问题，并根据具体的情况改进施工计划，确保计划的顺利实施。

3. 安全管理和成品保护

在建筑施工管理的过程中，安全管理是不容忽视的一个方面，安全管理贯穿着整个施工过程。它不仅体现在由于高空坠落，物体碰撞、机械故障或失控对施工人员造成的伤害，还包括因为施工漏洞所造成的建筑安全隐患。因此要通过培训加强建筑施工人员的安全意识，确保建筑施工顺利进行。绿色低能耗建筑对成品保护要求较高，严禁后续施工步骤影响前期施工成果，对各项工序安排应有序、合理，并且对施工成果采取合理措施进行保护。

4.1.3 施工管理

绿色低能耗建筑的施工应贯彻绿色施工管理的理念，绿色施工管理是指根据绿色、可持续的发展原则，在施工过程中融入降低能源消耗，节约资源的理念，建造对环境影响小、能源消耗低的建筑，以此来促进建筑业的绿色可持续发展。

1. 绿色施工管理的重点内容

绿色建筑施工管理是对传统建筑施工管理的创新和升华，符合可持续发展的要求，重点内容主要包含以下几方面：

（1）降低资源消耗。在建筑施工过程中，会有大量的资源消耗。为了实现绿色施工的目标，最重要的就是做到施工用能及用水等的有效管理，科学的管理能够有效降低资源消耗，节省资金。从长远的眼光看合理利用资源不仅能节约资金和资源消耗，还可以为人类提供一个健康和谐的生存环境。

（2）减少环境污染。建筑施工现场会产生大量的污水、粉尘及其他废弃物，这对周围的环境和施工人员的身体健康产生不良影响。为了减少施工现场对环境造成的破坏和污染，在施工过程中尽量选择清洁能源，并通过水资源的循环利用、防尘处理等措施，加强施工过程监管，从源头控制污染物的排出，把对环境的污染降到最低。另外，施工中重视可循环材料的回收和再利用，尽可能重复利用现场施工材料。

（3）控制噪声污染。噪声是施工过程中一个不容忽视的问题。运输车辆及机械设备在运作的过程中会产生大量的噪声，因此需要对夜间施工进行从严审批，施工过程中采用低噪音的机器设备，并定期进行维护，防止零件老化产生噪声。

2. 绿色环保施工技术在施工中的应用

（1）加强对水资源的循环利用。在建筑施工过程中，雨水、地下水是重要的水资源，充分利用这些水资源，将会对节约水资源非常重要。一般的施工用水采用地下水等传统水源，不仅浪费水资源，而且增加施工成本。建立雨水收集系统和废水处理系统，可增加非传统水源的使用量，节约水资源和降低施工成本。

（2）节约建筑施工用地。在工程施工之前，应对施工现场的土地资源进行实地踏勘，掌握施工现场周边的基础设施、场地地貌、地下管线等分布情况；通过制订详细、科学的施工总平面布置图，对场地进行选择和规划，尽量减少施工用地的面积，合理利用土地，提高土地资源的利用率。施工现场交通，应尽量选择永久道路，必要时规划合理路径建设临时道路，以减少建筑工程成本和道路的占地面积。

（3）扬尘防治。建筑工程施工过程中出现的扬尘是环境污染的重要因素，施工单位应采取措施对其进行控制。常用控制方法有三种：第一，现场安装环境监测系统，包括 PM2.5 实时监测，制订联动防治预案。第二，在对建筑材料及建筑垃圾运输时，要对运输车辆的后装箱进行密封，避免散落或者泄漏的现象发生。运输粉尘或者颗粒状的建筑材料，比如水泥、砂子、土石方等，需要采取严密的封闭式运输；现场的颗粒或粉尘类建筑材料，应砌筑砂料池并进行覆盖，防止泥砂的流失，产生扬尘。第三，配备降尘防尘设备，比如雾炮机、洒水车、冲洗机，另外在外脚手架、塔吊、道路两侧安装喷淋系统，用于扬尘控制。

4.2 主体结构施工

建筑主体主要由混凝土结构和砌体结构构成。混凝土构件一般采用现场整体浇筑，振捣密实，成型后具有良好的气密性。砌体结构受到材料自身性能、砌筑水平、抹灰密实度等影响，成为气密性把控的重点。

混凝土结构上的锚固件、连接件应尽量在浇筑时进行预埋、预留，降低后续安装过程中钻孔、开凿引起的粉尘、噪声等污染。

4.2.1 混凝土结构

为满足绿色低能耗建筑外门窗的安装要求，外门窗四周应设置宽度不小于 200mm 的混凝土构造。填充墙与混凝土构造连接处抹灰应密实，必要时室外侧采用防水透汽膜粘贴，室内侧采用防水隔汽膜粘贴，以保障连接部位气密性。抹灰时应在连接部位压入加强型耐碱网格布，防止抹灰层开裂。

混凝土结构上的对穿螺栓孔应在清孔后，用 1:1 膨胀水泥砂浆从外墙外侧注入孔内 50mm 捣实，待膨胀水泥砂浆达到强度后，从内侧注入聚氨酯发泡，灌注深度至距墙面 40mm，用铲刀将参与发泡剂清理干净，内侧 40mm 空腔采用 1∶1 膨胀水泥砂浆堵实，待干燥后用聚氨酯涂膜防水刷在对拉螺栓孔处，完成效果见图 4-1。

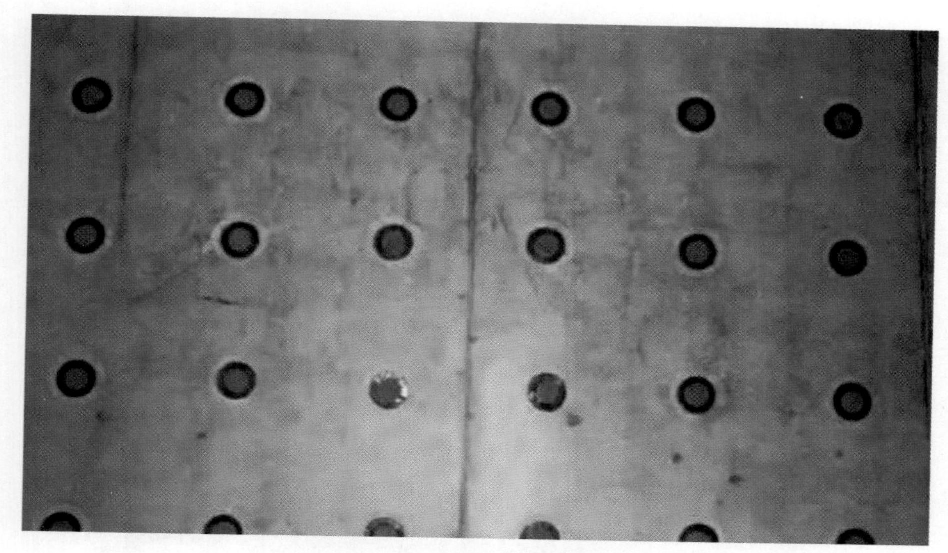

图 4-1　对拉螺栓孔封堵效果

4.2.2　砌体结构

绿色低能耗建筑宜选用热惰性、气密性等综合性能较好的砌体作为砌体材料，不宜采用空心砌块和表观密度≤ 500kg/m^3 的砌块作为砌体材料。

砌体结构是由块材和砂浆砌筑而成的围护结构。现行规范中规定砌体结构砂浆饱满度为水平、垂直均为不小于 80%，块材与砂浆之间不可避免地会产生缝隙，这些缝隙就会成为围护结构内外空气的渗透通道。绿色低能耗建筑在施工砌体结构外围护时，需严格控制砌体工程的施工质量，其中砂浆饱满度为主要控制目标，其水平砂浆饱满度≥ 90%，垂直砂浆饱满度≥ 90%。

外墙砌筑前进行详细的技术交底、准好好施工所需的材料、工具。根据施工图，在砌筑位置处用墨斗进行放样，底层砖施工时需进行现场排砖。需砌筑的砖下满铺水平砂浆，用灰铲将砂浆摊匀。选好所需砌块，抹上碰头灰，将砌块放置在准确位置上，然后进行揉挤，用力适当，保证砌块与砂浆能够精密接触，按规范要求控制水平、垂直灰缝的宽度。溢出的多余的水泥砂浆及时挂下，回收使用，上层砖与下层砖需错缝处理。放置好砌块后，用木块支住一侧灰缝，用灰铲将砂浆塞入垂直灰缝中，保证垂直灰缝中砂浆饱满密实。用直径大于灰缝宽度的 PVC

管道，将水平、垂直灰缝进行勾缝，使灰缝中砂浆密实、无缝隙。变电站项目一般为框架结构，为确保填充墙与顶部梁的连接密实度，填充墙每天砌筑高度不应大于 1.8m。填充墙砌筑效果如图 4–2 所示。

图 4-2　填充墙砌筑效果

4.3 围护结构保温施工

4.3.1 外墙保温

绿色低能耗建筑外墙保温采用的主要材料有：石墨聚苯板、岩棉带等。目前，主要采用石墨聚苯板作为外墙保温，岩棉带作为防火隔离带材料，真空绝热保温板主要应用于空间较小、对尺寸要求较高的局部构件部位。低能耗建筑外墙保温系统一般采用薄抹灰外墙外保温系统和保温装饰一体化外保温系统。

1. 薄抹灰外墙外保温系统

（1）保温材料。石墨聚苯板（见图 4-3）现场规格为（长 × 宽）1200mm × 600mm，厚度可根据工程需要在工厂进行切割。现场使用的石墨聚苯板导热系数一般为 0.029W /（m^2 · K），表观密度不小于 18kg/m^3，燃烧等级为 B1 级。

岩棉防火隔离带采用工厂切割成型的岩棉带（见图 4-4），规格为（长 × 高）：1100mm × 150mm，厚度根据工程需要在工厂内进行切割。岩棉带干密度不小于 100kg/m^3，导热系数≤ 0.045W /（m^2 · K），燃烧性能为 A 级。

图 4-3　施工现场存放的石墨聚苯板

进场后应各类材料应摆放平整，严禁雨淋及阳光暴晒，防止堆放过程中出现起拱、翘曲等变形，影响粘贴效果。粘贴保温板用粘结砂浆、抗裂（罩面）砂浆、基层找平砂浆必须有出厂日期，并且在 6 个月保持期内，未受潮，未结块。耐碱玻纤网格布必须放在干燥处，地面平整，摆放宜立放，避免相互交错摆放。

图 4-4　施工现场存放的岩棉带

（2）施工工艺。薄抹灰外墙外保温系统的墙面应进行墙体抹灰、基层找平，墙面平整度用 2m 靠尺检测，其平整度≤ 3mm，阴、阳角方正，局部不平整超限度部位用 1 ： 2 水泥砂浆找平。墙外的消防梯、水落管、防盗窗预埋件或其他预埋件、进口管线或其他预留洞口，应按设计图纸或施工验收规范要求提前施工。

用 M10 水泥砂浆抹灰找平，首先是挂垂直通线和水平通线，然后墙面做灰饼点。抹灰前，在楼外墙面上离墙角 200mm 处先弹出井字线作为控制线，再用线锤吊直，在墙面上距墙角 100mm 弹出竖向控制线。以井字线和竖向控制线作为抹灰准线，在墙面上做标准灰饼点，灰饼点间距控制在 1500mm 左右，便于 2m 刮杠使用，保证墙面平整垂直符合要求，垂直度控制在 4mm 以内。

提前进行墙面润湿，分层抹底灰，每层厚度控制在 7~8mm，抹灰至与灰饼点略高后，用刮杠按灰饼点厚度讲墙面刮平整、垂直，局部垂直度、平整度偏差略高处用木抹子找平，最后用木抹子把墙面搓毛，便于与面层灰粘接。抹灰后及时进行养护，使其与基层粘结牢固，以保证底灰无脱落层、无空鼓、无爆灰和裂缝。

配制粘结砂浆必须专人负责，以确保搅拌质量。采用单组分粘结砂浆，粉料：水 =5：1。在干净容器中用电搅拌机搅拌均匀直至没有结块产生。静置 5~10min 后，再次搅拌，调到适合施工的稠度为宜。凝固后禁止加水再用。粘结砂浆应随用随配，配好的聚合物砂浆最好在 1h 之内用光。粘结砂浆应于阴凉放置，避免阳光曝晒。

外保温用石墨聚苯板尺寸为 600mm × 1200mm，可根据实际部位尺寸大小，现场用刀具进行切割，必须注意切口与板面垂直，整块墙面的边角处应用最小尺寸超过 300mm 的石墨聚苯板，石墨聚苯板的拼缝不得正好留在门窗的四角处。排板时按水平顺序排列，上下错缝粘贴，阴阳角处应做错槎处理。

首层石墨聚苯板采用点框法粘贴，用缺口镰刀将粘结砂浆垂直均匀的粘贴在石墨聚苯板板上。在板面四周涂抹一圈搅拌好的胶泥，其宽度为 50mm，板面中央均匀涂抹 3 个点，涂好后立即将石墨聚苯板板粘贴在墙上。所有粘结点与基层同时接触，双手用力均匀左右揉动 5~7 次，使粘结砂浆与墙面粘牢。石墨聚苯板板粘贴到墙上以后，用 2m 靠尺压平，保证其平整度和粘贴牢固。粘板时注意清除板边溢出的胶浆使板与板之间无碰头灰。

首层保温板与板之间应拼缝严密，板面垂直、平整，允许偏差不超过 3mm，超过 3mm 时用相应厚度的石墨聚苯板板填塞。板面高差不应大于 1.5mm，否则应用砂纸或专用打磨机打磨平整，打磨时应做轻柔的圆周运动，不要沿着与石墨聚苯板的拼缝平行的方向打磨，打磨后应用刷子将产生的碎屑和其他浮沉清理干净，粘贴面积不得低于 40%。

待点框法粘贴第一层石墨聚苯板板 24h 后，方可粘贴第二层石墨聚苯板板，采用满粘法。在聚苯板面涂上粘结砂浆，用锯齿状抹灰刀将粘结砂浆涂抹成条状，涂好后立即将石墨聚苯板板粘贴在墙上。石墨聚苯板板粘贴到墙上以后，用 2m 靠尺压平，保证其平整度和粘贴牢固。粘板时注意清除板边溢出的胶浆使板与板之间无碰头灰。

第二层石墨聚苯板粘贴完成并通过验收后方可施工保温钉，保温钉施工需在第二层石墨聚苯板粘贴完成 24h、粘结砂浆达到规定强度后方可施工（见图 4-5）。

图 4-5　断热桥保温钉安装

石墨聚苯板安装完毕检查验收后用抗裂砂浆进行抹灰，抹灰分底层和面层两层。将搅拌好的抗裂砂浆均匀抹在聚苯板表面，厚度在 2~3mm，同时将网格布绷紧后贴于底层抗裂砂浆上，网格布的弯曲面朝向墙，用抹灰刀由中间向四周把网格布压入砂浆的表层，使网格布嵌入抗裂砂浆中，网格布不应皱折。

铺贴遇有搭接时，必须满足横向 100mm、纵向 100mm 的搭接长度要求，在被切断的部位，应采用补网搭接，搭接长度不得小于 100mm。待表面干后，再在其上再施抹一层抗裂砂浆，厚度 1.0mm，网格布不应外露。抹灰基面达到涂料施工要求时可进行涂料施工，施工方法与普通涂料工艺相同，一般使用配套的专用涂料或其他与保温系统相容的涂料。

2. 保温装饰一体化外保温系统

绿色低能耗建筑中采用的保温装饰一体化外保温系统需采用干挂式安装系

统，同时要求墙体与保温层之间进行无缝处理，这就需要在施工时对保温与墙体间的龙骨进行密封处理。与薄抹灰外墙外保温系统相比，保温装饰一体板的安装施工更为便捷。

（1）保温材料。保温装饰一体板由面板（带饰面的水泥压力板或硅酸钙板）、保温材料（石墨聚苯板、挤塑聚苯板或岩棉）、背板硅酸钙板三部分组成，如图4-6所示。

图 4-6　保温装饰一体板

（2）施工工艺。保温装饰一体板采用干挂式施工，施工单位应在施工前应对建筑进行精密测量，根据测量结果进行保温装饰一体板的排版工作；排版时应充分考虑立面美观效果，同时尽量减少板型种类。根据排版图龙骨安装设计，绘制锚板图。

在实体墙面上弹线，定位出膨胀螺栓的中心位置及锚板的竖向中心线，采用冲击钻钻孔，放置膨胀螺栓，并定位锚板。以顶端及最底端锚板为基准，可采用高强丝（如尼龙）或弹线的方式，完成中间其他部位锚板竖向中心线的定位，定位精度在1mm内，要保证每块锚板的横平竖直。龙骨与主体结构（或锚栓与龙骨）之间应采取断热桥措施，避免因大面积的金属构件直接接触产生的热桥。

自下至上、自中而左右安装挂板，转角部位放在最后封口时再装，遇有墙面开孔部位，应将挂板提前开好通孔。每安装完成一层保温装饰一体板，应采用聚氨酯发泡剂对背板与墙体之间的空隙进行填充，确保保温层与主体之间接触密实，无空腔。

4.3.2　屋面和地面保温

1. 保温材料

挤塑聚苯板（见图 4-7）干密度不小于 35kg/m³，导热系数≤0.030W/（m²·K），燃烧性能为 B1 级。挤塑聚苯板现场摆放平整，严禁雨淋及阳光暴晒，防止堆放过程中出现起拱、翘曲等变形，影响粘贴效果。

图 4-7　挤塑聚苯板

2. 施工工艺

外墙外保温工程在大面积施工前，应先将管根、出屋面的设备基础、预埋件、女儿墙根部等阴阳角部位，应按照规范要求做好圆弧角，防止防水层在此部位粘贴不牢下坠脱落。

屋面找平层采用 20mm 厚 1∶3 水泥砂浆，内掺锦纶纤维，掺量为 0.75~0.9kg/m³，应与基层粘结牢固，表面应抹平压光，无空鼓起砂现象，表面平整以 2m 直尺检查，最大平整度允许偏差不得大于 5mm。

找平层应留分格缝兼作排气道，缝宽为 20mm，其纵横的最大间距不宜大于 6m。水泥砂浆找平层达到规定强度后，将找平层表面清理干净，找平层含水率要无明水珠。先涂刷一道基层处理剂（通常为冷底子油），要求涂刷均匀。

防水基层处理剂涂刷完成后，铺贴一道自粘防水卷材。铺贴完成后须将防水层保护好，避免防水层遭到破坏。

第一道防水层施工完毕后，经验收合格后进行第一层挤塑聚苯板铺设。根据基层形状和尺寸，合理下料，保证错缝拼接。平屋面保温采用干铺形式铺贴，干铺应平整。XPS 的排列竖向错缝，板与板之间要紧密靠实。板与板之间的拼缝不应超过 2mm，超过 2mm 的缝隙应采用相应宽度的挤塑聚苯板薄片进行填塞，或采用聚氨酯发泡剂进行填堵。

第一层挤塑聚苯板铺设完成，经验收合格后进行第二层挤塑聚苯板的铺设。第二层挤塑聚苯板须与第一层挤塑聚苯板错缝铺设。铺设方式及操作要点同第一层挤塑聚苯板。第二层挤塑聚苯板铺设完成，经验收合格后进行第三层挤塑聚苯板的铺设。第三层挤塑聚苯板须与第二层挤塑聚苯板错缝铺贴。铺设方式及操作要点同第一层挤塑聚苯板。

铺设完成的三层挤塑聚苯板需平整、整齐，拼缝严密，无明显缝隙，超过 2mm 的拼缝应进行处理并达到要求，脚踩无空鼓感。三层挤塑聚苯板保温层铺贴完成，经验收合格后，进行水泥珍珠岩找坡层施工。找坡层施工前需将保温层表面清理干净，保温层表面无杂物、碎聚苯板屑、明显水渍。

根据施工图纸上屋面坡度要求，在屋面保温层上用水泥砂浆在相应位置做出灰饼，要求最薄处灰饼的厚度不小于 40mm。

采用 1∶8 水泥珍珠岩与水搅拌配制成水泥珍珠岩砂浆，直接铺设在保温层上。水泥珍珠岩砂浆需在特定区域预拌制成，严禁在保温层上直接拌制。避免拌制水泥珍珠岩砂浆的水分进入保温层内，造成以后屋面保温的隐患。水泥珍珠岩砂浆需分层施工，分层碾压，压实度达到规范要求后方可进行下一层施工。

水泥珍珠岩砂浆找坡层施工完毕后，需要用 20mm 厚 1∶3 水泥砂浆及时做保护层，砂浆中需掺入聚丙烯 0.75~0.90kg/m^3。水泥砂浆保护层未达到强度之前不可进行下道施工。水泥砂浆保护层经验收合格后方可进行第二道防水卷材施工。施工工序同第一道防水卷材。

第二道防水卷材施工完成后需做 10mm 厚 1∶3 水泥砂浆保护层，为补偿收缩，防止开裂，砂浆中掺入聚丙烯 0.75~0.90kg/m^3，能够起到一定的抗拉作用。水泥砂浆保护层达到强度后，经验收合格后进行细石混凝土面层施工。细石混凝土面层施工前需将基层清理干净。在水泥砂浆保护层上弹线做灰饼，灰饼厚度 40mm。铺设 ϕ4@100mm × 100mm 钢丝网片，钢丝网片铺设需规范、整齐（见图 4-8），钢丝网片之间搭接需达到规范要求。40mm 厚 C20 预拌混凝土随打随抹平。

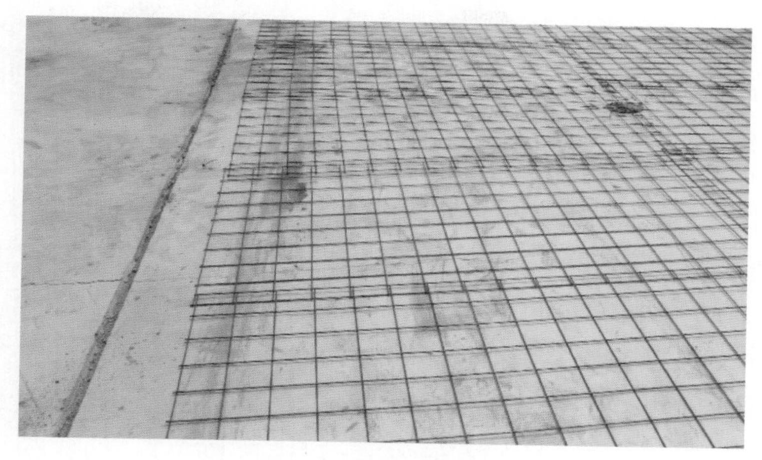

图 4-8　铺设钢丝网片

4.4　外门窗安装

绿色低能耗建筑外门窗为外挂安装，应选择专业的窗户安装施工队伍，材料按系统配套采购，确保其匹配相容。结合工程特点编制窗户安装专项施工方案，开展专业技术培训，做好施工前技术交底工作。

外门窗在安装之前，应首先检查门窗尺寸、平整度是否符合设计要求。避免生产加工不合格、运输不当或现场堆放不正确而造成的窗框尺寸有偏差、变形使用在工程中。准备齐全施工过程需要的系统配件和安装工具。

1. 基层墙面、洞口处理

基层墙面上的浮尘、污渍、油渍、泛碱等必须清理干净，表面凹凸明显得部位应事先剔平或用水泥砂浆找平。基层墙面的平整度，垂直度按《砌体结构工程施工质量验收规范》（GB 50203）验收合格后，方可进行下一步施工。

外门窗的安装对洞口的要求非常严格，安装之前一定要精修洞口，确保洞口的平整度、垂直度以及阴阳角尺寸应符合设计要求。每层窗户洞口应水平向挂通线找平，竖直向挂通线找平。同一类型的门窗及其相邻的上、下、左、右洞口应横平竖直，保持同一垂直和水平线。

2. 固定件安装

先确定门窗框底部两侧固定件位置，拉线找平，钻孔并清理后安装固定件。在墙体表面标记底部其余固定件位置、顶部以及左右两侧固定件位置，安装外门窗剩余固定件。外门窗顶部、左右两侧固定件安装仅为定位，待外门窗上墙微调位置后，再进行紧固。外门窗底部固定件水平距离不大于 0.6m，顶部固定件水平距离不大于1m，左右两侧固定件垂直距离不大于1m，且左右两侧门窗框中间高度位置应布置固定件，上下两侧侧固定件数量均不小于2个，左右两侧固定件数量不少于3个。

3. 外门窗安装

安装前应用湿抹布将窗框上浮尘，沙子、水泥砂浆等杂物擦拭干净，然后再用干抹布擦拭，保证窗框清洁、干燥，能与防水雨隔汽膜、防水透汽膜有很好的粘结。在外门窗型材侧面周圈粘贴防水隔汽膜，防水隔汽膜自粘一侧与外门窗型材的粘贴尺寸不少于15mm，宽度方向剩余防水隔汽膜预留至外窗室内一侧，粘贴过程应保证防水隔汽膜顺直、平整、无褶皱，隔汽膜首尾搭接尺寸不低于50mm。防水隔汽膜粘贴完成后将外门放置与洞口位置，用红外线测平仪和靠尺测窗框平面内和平面外平整度。微调其余侧固定件，并将固定件与墙体固定，然后用螺丝钉将其与外门窗型材锚固连接。窗户在固定过程中需有专人用红外线测平仪测窗户平面内平整度、用靠尺测量平面外平整度，如发现偏差应即时调整。

外门窗固定完成后，应对门窗洞口侧表面进行清洁，然后在距窗框50mm宽度处墙体上打密封胶，打胶时应采用折线方式，用刮刀刮平后，将防水雨布贴在密封胶上，抚平，保证防水雨布与墙体之间粘贴紧密，无气泡、无褶皱。

清理外门窗外侧及周圈主体结构外表面，用防水透汽膜在外窗外表面沿外边粘贴，粘贴尺寸不少于15mm，并在外门窗四角处预留翻边尺寸。采用折线方式在门窗周圈的结构墙体上打胶，打胶宽度不少于50mm，刮刀刮平后将翻边后的防水透汽膜粘贴于外墙上，抚平，保证防水雨布与墙体之间粘贴紧密，无气泡、无褶皱。锚固件部位应补贴防水透汽膜，与整体透汽膜搭接尺寸不少于20mm，与主体粘贴尺寸不少于50mm。

4. 成品保护

外门窗在安装过程中及工程验收前，应采取防护措施，不得污损。已装有外窗的洞口，不得采用开启扇作为运料通道。要严禁在窗框、扇上安装脚手架、悬挂重物；严禁蹬踩窗框、窗扇或窗撑。外脚手架不得顶压在窗框、扇或窗撑上，要注意防止利器划伤门窗表面，不要让电、气焊火花烧伤或烫伤窗户面层。立体交叉作业时，尽量不要触及窗户任何部位。

应将不同规格的外门窗搬到相应的洞口旁竖放，当发现保护膜脱落时，应及时通知厂方补贴保护膜。装卸外门窗时要轻拿、轻放，不可撬、甩、摔，不得撞击。吊运外门窗时要在其表面用非金属软质材料衬垫，在门窗外缘选择牢靠平稳的着力点，不可在框扇内插杠起吊。

4.5　工程验收

工程施工质量验收是施工质量控制的重要环节，也是保证工程施工质量的重要手段，它包括施工过程的工程质量验收和施工项目竣工质量验收两个方面。

施工过程的工程质量验收是在施工过程中，在施工单位自行质量检查评定的基础上，参与建设活动的有关单位共同对检验批、分项、分部、单位工程的质量进行抽样复验，根据相关标准以书面形式对工程质量达到合格与否做出确认，这是低能耗建筑施工过程质量控制的重要方面。

施工项目竣工质量验收是施工质量控制的最后一个环节，是对施工过程质量控制成果的全面检验，是从终端把关方面进行质量控制。未经验收或验收不合格的工程，不得交付使用。

绿色低能耗建筑的工程验收除工程施工质量验收外还应进行气密性检测，气密性达到设计要求后方可认定其为低能耗建筑。

4.5.1　施工质量验收

将建筑工程划分为单位工程、分部工程、分项工程和检验批进行验收的方式在建筑工程验收过程中应用情况良好，绿色低能耗建筑施工质量验收中也执行该划分方法，且验收程序和组织符合《建筑工程施工质量验收统一标准》（GB 50300）的规定。

绿色低能耗建筑施工当中有大量的热桥控制和建筑气密性保障处理措施，这些措施在实施过程中与传统的施工方法存在很大差异。为了便于绿色低能耗建筑施工验收的实际操作，通过加强对热桥控制和建筑气密性保障措施中的隐蔽工程的验收来进行施工过程质量控制和记录，具体如下：

（1）隐蔽工程在隐蔽前由施工单位通知有关单位进行验收，并形成验收文件（书面记录和必要的图像资料）。

（2）墙体节能工程、门窗节能工程、屋面节能工程、楼地面节能工程、建筑气密性处理工程应将隐蔽验收记录作为相应检验批验收依据。其中：

1）墙体节能工程隐蔽工程验收，重点检查基层表面状况及处理，保温层的铺设方式、厚度和板材缝隙填充质量，锚固件安装，增强网铺设以及热桥部位处理等。

2）外门窗安装工程隐蔽工程验收，重点检查外门窗洞的处理，外门窗安装方式，窗框与墙体结构缝的保温填充做法，窗框周边建筑气密性处理等。

3）屋面节能工程隐蔽工程验收，重点检查基层表面状况及处理，保温层的铺设方式、厚度和板材缝隙填充质量，屋面热桥部位处理，隔汽层设置，防水层设置，雨水口部位的处理等。

4）地面及楼面节能工程隐蔽工程验收，重点检查基层表面状况及处理，保温层的铺设方式、厚度及板材缝隙填充质量，热桥部位处理等。

5）建筑气密性处理工程验收，重点检查外围护结构中的砌筑工程中砂浆饱满度，墙柱相交处气密性处理中的防水隔（透）汽膜的使用部位、粘贴方式、完整性，墙梁相交处气密性处理中的防水隔（透）汽膜的使用部位、粘贴方式、完整性，电线管安装气密性处理措施等。

绿色低能耗建筑对采用的保温材料、门窗部品等材料和设备有严格的要求，所需关键材料、设备的正确选择与否是绿色低能耗建筑建设成败的重要因素。绿色低能耗建筑施工质量验收应对相关材料、设备进行进场验收，主要包括：

（1）材料的出厂合格证明及进场复验报告。检查保温材料、门窗系统材料、防水材料、气密材料、隔声材料等出厂合格证、检验报告等质量证明文件，是否符合设计要求和相关标准的规定；按照《建筑节能工程施工质量验收规范》（GB 50411）规定，进行现场抽样复验（见证取样送检），审查进场复验报告，复验合格后方可使用。

（2）设备的出厂合格证明及进场复验报告。检查冷热源机组、新风系统（新风机组、风机盘管、散热器等）、可再生能源建筑应用系统（地源热泵、太阳能集热器、光伏板等）主要设备的型式检验报告、出厂检验报告等质量证明，是否符合设计要求和相关标准的规定；按照《建筑节能工程施工质量验收规范》（GB 50411）规定，进行现场抽样复验（见证取样送检），审查进场复验报告，复验合格后方可使用。

新风系统热回收装置应送至具有相关资质的第三方检测机构进行检测，保证其热回收效率符合设计要求。

4.5.2 气密性测试验收

区别于普通建筑，绿色低能耗建筑竣工后，还要进行建筑整体的气密性测试验收，一般会进行两次气密性测试。在主体施工结束、门窗安装完毕、内外抹灰完成后，精装修施工开始前可进行气密性测试，便于查找薄弱点并进行修复。由于后续的装修施工可能会对气密层产生破坏，因此，精装修工程完毕后还应对建筑进行气密性测试。最终以具有相关资质的第三方检测机构现场检测出具的气密性测试报告进行验收。气密性测试方法为“鼓风门测试法”。该方法是将鼓风门安装在窗洞或门洞中并保持密封，通过鼓风机对建筑室内进行加压和减压使建筑室内外产生压力差，通过测量鼓风机对室内压力的改变量，系统可以测量整个建筑围护结构的空气泄露量即建筑的气密性。

第5章　特高压石家庄变电站绿色低能耗建筑运行与维护

变电站的运行维护，通常主要关注的是工艺系统，建筑作为满足工艺要求的附属工程，其使用维护并没有受到足够重视，日常维护也比较简单。作为绿色低能耗建筑，系统化的设计和精细化的施工是成功的基础，科学的使用维护是实现目标的重要保障。使用寿命的延长、维修成本的降低以及节能效果的体现主要依靠合理的运行维护。

制订适用、高效的管理制度，是所有变电站运行维护必须具备的基本要求，这里不再详述。本章主要围绕特高压变电站绿色低能耗建筑运行维护内容（包括围护结构、暖通空调系统、能耗监测管理系统、可再生能源系统、照明系统、其他设备系统和景观绿化等）与普通变电站建筑的区别进行阐述。

5.1　围护结构

针对绿色低能耗建筑，外围护结构的日常维护主要目的是延长建筑物使用寿命和保障节能效果，运行阶段应以预防为主，通过定期检查及维护，及时发现问题，降低维修成本。

1. 检查内容

（1）热桥部位保温完整性检查。热桥主要出现在进出建筑物管道处、外凸构件、外墙与门窗连接处、外墙锚固件等部位。热桥部位的保温完整性检查主要通过观察及热成像仪测试等手段来实施；当保温完整性不符合要求时，应及时进行维护，必要时对维护后的部位进行热工性能测试。

（2）外饰面完好性检查。外饰面的完好性检查主要通过观察和尺量的方法。当检查到局部外饰面的完好性遭到破坏时，应及时进行修复，修复的工序应与原外饰面施工工序尽量一致，保障外饰面系统的完整性。

（3）外门窗五金件及密封条的检查及维护。外门窗五金件及密封条的检查主要通过观察的方法，经常检查外门窗关闭是否严密，中空玻璃是否漏气，应定期检查门窗锁扣等五金部件是否松动及其磨损情况；每年应对活动部件和易磨损部分进行保养。

（4）建筑整体气密性的保护。外墙内表面的抹灰层、屋面防水隔汽层及外窗密封条是保证气密性的关键部位。物业部门应注意气密层是否遭到破坏，若有发生则应及时修补；应经常检查外门窗密封条，必要时应及时更换。

2. 检查手段

（1）热桥和外保温的完好性，可通过定期使用红外热成像仪进行检查。

（2）建筑气密性，可以通过每年一次的鼓风门试验进行检查。

（3）门窗五金件主要通过定期一定数量抽检的方式，手动操作，检查其性能，并结合建筑气密性测试，检查门窗的气密性。

3. 维护

日常检查出的问题应及时修复并主要关注以下内容：

（1）外饰面损坏应及时修复，重点保证外保温的防水处理。

（2）出现热桥应及时处理，消除热桥的同时，应重视保温的防水处理，防止保温因雪水侵蚀、冻涨造成大面积脱落。

（3）门窗五金件出现损坏或异常，应及时维修更换，以免造成整扇坠落。

（4）门窗密封条老化应及时更换，以免影响节能效果和室内环境。

5.2 暖通空调系统

绿色低能耗变电站建筑体量较小、建筑气密性好的特点，决定了其对供热供冷需求很低，对新风系统的需求迫切。与普通变电站建筑相比，绿色低能耗变电站建筑的空调和新风系统的运行维护有很大不同。根据所配系统不同，绿色低能耗变电站建筑的暖通空调系统主要有空调系统、新风系统、能源环境系统三种系统形式。

1. 空调系统的维护

变电站建筑体量较小，绿色低能耗变电站建筑供热供冷需求很低低，空调系统一般采用模块化小型机组。此类空调设备具有运行维护简单方便的特点，且设备内部集成有自身的运行控制系统，无需人为监控、管理主机的运行模式与状态。其节能重点在于室内人员的行为节能。此系统运行维护与普通建筑区别不大，这里不做详细阐述。

2. 新风系统的使用维护

新风系统的使用应严格按照说明书要求和厂家培训要求操作。日常维护应注意以下几点：

（1）实时监测室内空气颗粒物含量（主要包含 PM2.5、PM10），若发现空气质量超标，应及时检查风口、风道及滤芯。

（2）定期对风口进行清洗、对滤芯进行清洗或更换。

（3）定期检查风道的洁净度，如发现积尘应及时清理。

（4）定期检查新风系统的电路部分，发现老化应及时更换，发现连接松动应紧固。

（5）定期检查管道的气密性。

（6）定期检查新风系统控制面板，防止过多积尘和潮湿。

3. 能源环境系统的使用维护

能源环境系统专门针对低能耗建筑开发的，集新风（带高效热回收）、供冷热、净化等功能于一体的智能化环境保障系统。一般用在需要保障室内人员对环境的需求，其自身控制智能化程度高。

（1）使用中应注意以下问题：

冬季运行：根据当年实际天气做出适当调整，在十月下旬或十一月上旬，室外温度降低到15℃以下时，建议开启能源环境机，调至制热模式，温度设置为18℃，以保证夜间室内温度的舒适度，满足环境要求。该段时间内能源环境机能耗很少，且有助于快速升温。

当室外温度普遍降低到10℃以下时，室内温度可设置为20℃，保持待机状态。以满足人员对于室内温度的要求。

整个冬季建议保持20℃待机状态，设备自动启停保持室内温度。另外可以根据客户使用反馈情况，适当调整室内设置温度，18、20、22℃都可作为常态待机设置温度，以满足不同人员的要求。

夏季运行：在室外平均温度达到25℃以前，由于被动房保温隔热性能，基本能够满足室内温度要求，本着节能的原则不建议开启设备。

人员对温度有要求的情况下，可根据不同要求，适当将室内温度设置为22、24、26℃等。

夏季使用若发现长时间制冷模式下，室内温度不能降低，房间风口吹风不凉，应及时进行检查。

（2）日常维护应注意以下问题：

日常维护主要是关注电路系统是否老化和接头是否松动，冷凝水管路坡度是否正常。一般异常情况会在控制面板上有所体现，主要体现在以下几方面。

1）当控制面板显示室内PM2.5或PM10超标时，应及时检查滤芯和风口洁净度，并根据情况进行清洗或更换。

2）当室内温度长时间达不到设定值时，应检查室内滤芯和冷媒状况。

3）当室内二氧化碳浓度长时间超标时，检查新风口的阀门是否受控。

4）当系统有结露滴水现象时，应检查冷凝水管的坡度是否正常。

5.3 能耗监测管理系统

能耗监测管理系统是通过对建筑安装分类和分项能耗计量装置，采用远程传输等手段实时采集能耗数据，实现建筑能耗的在线监测及动态分析，并出具阶段性分析报告，给管理者的能源管理提供改进依据的系统。普通变电站建筑很少安装此系统，而绿色低能耗建筑会根据运行管理要求，选装能耗监测系统。

1. 能耗监测管理系统简介

分类能耗是根据建筑物消耗的主要能源种类划分的能耗，包括电、水、燃气（天然气、液化石油气和人工煤气）、集中供热量、集中供冷量、煤、汽油、煤油、柴油、建筑直接使用的可再生能源及其他能源消耗等；分项能耗是各项按用途划分的用电能耗，包括照明插座用电能耗、采暖空调用电能耗、动力用电能耗和特殊用电能耗。特高压变电站建筑用电分项能耗见表 5-1。

表 5-1　　建筑用电分项能耗

分项能耗	一级子项	二级子项
照明插座用电	房间照明和插座	建筑物房间内照明灯具和包括计算机、打印机等办公设备和风机盘管、分体空调等没有单独供电回路的空调设备等从插座取电的室内设备
	公共区域照明	走廊、大堂等公共区域的灯具照明和应急照明等
	室外景观照明	建筑室外的照明灯具、室外景观等
采暖空调用电	冷热源系统	冷热源系统主要包括冷水机组、冷却泵和冷却塔。 热源系统包括电锅炉、采暖循环泵（对于热网通过板换供热的建筑，仅包括板换二次泵；对于采用自备锅炉的，包括一、二次泵）、补水泵和定压泵
	空调水系统	包括一次冷却泵、二次冷却泵、冷冻水加压泵等
	空调风系统	包括空调机组、新风机组、变风量末端、热回收机组和有单独供电回路的风机盘管等
动力用电	水泵	包括给水泵、生活热水泵、排污泵、中水泵等
	通风机	包括地下室通风机、车库通风机、厕所排风机等
特殊用电	信息机房	包括通信、网络和计算机设备和机房空调设备等
	洗衣房	包括洗衣机、脱水机、烘干机和烫平机等
	厨房	包括电炉、微波炉、冷柜、洗碗机、消毒柜、电蒸锅和厨房送、排风机等
	其他	包括开水器、电热水器等建筑中所需的其他设备

能耗监测管理系统的目标是在满足使用要求的前提下，使建筑各用能系统及设备在消耗能量最少、运行效率最高的状态下最大化地利用能源。采用能耗监测管理系统，有助于分析建筑各项能源消耗水平和能源消耗结构是否合理，发现问题并提出改进措施，从而有效地实现特高压变电站绿色低能耗建筑节能运行。

能耗监测系统以计算机、通信设备、测控单元为基本工具，系统软件采用 B/S 架构，具备 Web 发布功能，可通过 Web 浏览器随时随地查看建筑能耗信息、分项能耗数据、系统运行状态等，对不同级别用户进行权限设置，方便用户不同职能部门实现分类分级分权限的能耗信息浏览。网络结构采用分层分布式三层结构，由系统管理层、网络通信层、现场设备层等组成，如图 5-1 所示。

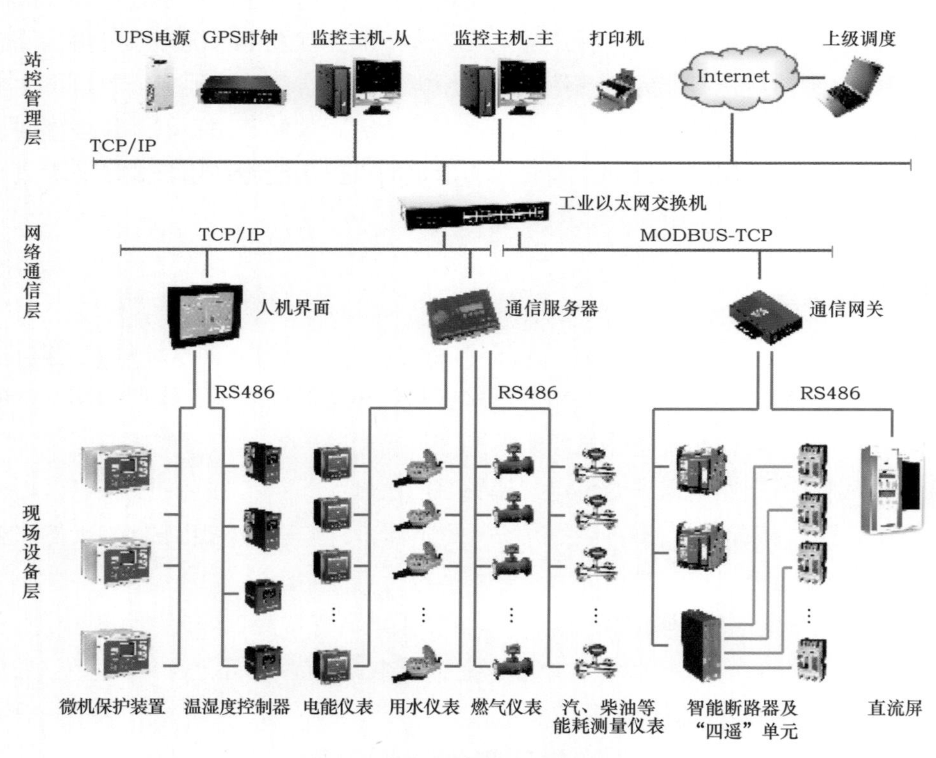

图 5-1　能耗监测管理系统结构图

2. 能耗监测管理系统的使用维护

（1）系统使用管理单位应配备、培训相关的技术人员，建立技术档案和信息台账，对能耗监测及分项计量系统进行日常维护和管理。

（2）系统管理层的维护主要包含硬件及软件的维护。

硬件维护应定期检查硬件设备的供电、定期检查网络是否正常、定期检查设备及备用设备是否正常运行。

软件维护应定期对基础软件和应用软件进行升级维护，应定期对数据进行备份，定期使用离线存储介质进行备份存档，系统故障应及时修复。

（3）网络通信层和现场设备层的计量装置和数据采集器等应定期进行检查、维护和管理，并应按相关规定对计量装置进行标定；传输线路应定期进行检查，保证传输数据的准确性和完整性。

5.4 可再生能源系统的运行维护

目前，在特高压变电站绿色低能耗建筑中常用的可再生能源系统有太阳能热水系统、地源热泵系统、空气源热泵系统、太阳能光伏发电系统等。可再生能源系统可在极少消耗化石能源的条件下，利用太阳能、空气能、地热能等可再生能源为建筑提供必要的供暖、制冷、生活热水和电力。这些系统根据环境条件和经济效益综合考虑选用，其维护方式与普通建筑的可再生能源利用方式没有太大区别，这里不再赘述。

5.5 照明系统

变电站照明系统主要包括建筑物室内照明、室外照明（含草坪灯、庭院灯、投光灯、检修照明等）和应急照明等。这里只针对节能的要求，说明照明系统的使用维护要求。其他与普通建筑照明系统维护相同的内容，不再赘述。

（1）根据不同照明需求的特点，调整照明控制方式：

1）走廊、楼梯间、门厅等公共场所的照明，宜按建筑使用条件和天然采光状况采取分区、分组控制措施。

2）公共场所应采用集中控制，并按需要采取调光或降低照度的控制措施。

3）室外照明宜采用“照度 + 时间”程序控制，应随季节变化及时调整开 / 关灯的时间。

4）卫生间、走廊的照明控制宜采用光感和红外感应的方式进行控制。

（2）照明器具的维护和更换。照明器具的维护方式与普通建筑要求相同。值得注意的是，照明灯具老化或损坏后，所更换的照明灯具效率应不低于更换前灯具的效率。

5.6　绿化及景观

绿化及景观的维护工作，应制订并公示绿化管理制度，并严格执行，对景观绿化定期进行维护管理，并应及时栽种补种乡土植物；绿化区应做好日常养护，新栽种和移植的树木成为一次成活率应大于 90%。所涉及内容与普通站区的要求相同，这里不再赘述。

第 6 章　特高压石家庄变电站绿色低能耗建筑项目实践

近几年，随着我国绿色低能耗建筑研究和实践的广泛开展，绿色低能耗建筑的示范项目陆续涌现并得到了良好的实施效果，在设计、施工、验收、运行等积累了一定实践经验，但在工业建筑中的研究和实践还是空白。为此我们将绿色低能耗建筑技术在特高压石家庄变电站的主控通信楼进行了尝试，取得了良好的节能效果，同时为站内的人员提供了舒适、健康的工作生活环境。

6.1　项目概况

榆横—潍坊 1000kV 特高压交流输变电工程是我国大气污染防治行动计划“四交四直”特高压工程中第 5 条获得核准开工建设的输电通道，是华北特高压交直流主网架的重要组成部分，工程途经陕西、山西、河北、山东 4 省，共建设有 5 座变电站（见图 6-1），输电距离长达 1049km，是迄今为止输电距离最长的特高压交流工程。工程总投资 242 亿元，于 2015 年 5 月获得国家发改委核准，于 2017 年 8 月建成投运。1000kV 特高压石家庄变电站（简称石家庄变电站）是该工程建设的 5 座变电站之一。

石家庄变电站位于邢台市新河县仁让里乡，位于 E 级污区，冬季雾霾情况严

图 6-1　榆横—潍坊 1000kV 特高压交流输变电工程线路路径图

重，未来主控通信楼投入使用后，如何为运维人员提供一个健康、舒适的室内工作环境，体现“以人为本”的理念，是实践绿色低能耗建筑的首要出发点。同时，为进一步加强雾霾和大气污染治理，落实《中共河北省委关于制定河北省国民经济和社会发展第十三个五年规划的建议》中关于“持续推进大气污染防治行动，强化科技支撑，推广节能减排新技术、新产品、新设备、新工艺”的要求，在变电站建筑中推广实施绿色低能耗建筑技术，为变电站建筑实现绿色可持续发展提供新的思路。

石家庄变电站站内规划建设的建筑物包括主控通信楼、1000kV 继电器小室、500kV 继电器小室、主变压器继电器小室、站用电室、综合水泵房、备品备件库、消防泡沫小室，总建筑面积 4195m^2，站内新建建筑见表 6-1。

表 6-1　站内新建建筑物一览表

序号	建筑物名称	火灾危险性	耐火等级	层数	建筑面积（m^2）
1	主控通信楼	戊	二级	三层	1828
2	1 号 1000kV 继电器小室	戊	二级	单层	242
3	2 号 1000kV 继电器小室	戊	二级	单层	267
4	1 号 500kV 继电器小室	戊	二级	单层	183
5	2 号 500kV 继电器小室	戊	二级	单层	183
6	1 号主变压器继电器小室	戊	二级	单层	171
7	2 号主变压器继电器小室	戊	二级	单层	171
8	站用电室	戊	二级	单层	112
9	综合水泵房	戊	二级	单层	144
10	备品备件库	丁	二级	单层	750
11	主变压器消防泡沫小室	戊	二级	单层	48
12	1 号高抗消防泡沫小室	戊	二级	单层	48
13	3 号高抗消防泡沫小室	戊	二级	单层	48
合计	总面积 4195				

主控通信楼主要功能房间有会议室、通信蓄电池室、办公室、主控室、计算机室、通信机房、值休室等。绿色低能耗建筑技术在主控通信楼的实践，通过设计保温隔热性能和气密性能更高的围护结构，使建筑物充分利用自然通风、自然

采光、太阳辐射等被动式技术，使建筑室内温湿度适宜，建筑内墙表面温度稳定均匀，与室内温差小，站内工作人员的体感更舒适；良好的气密性和隔声效果，将室内环境变得更安静。室内有组织的新风设计，为站内工作人员提供足够的新鲜空气，同时高效的空气净化技术和高效新风热回收技术，进一步提升了室内空气品质。

6.2 项目设计

6.2.1 建筑美学设计

1. 外立面美学设计

主控通信楼的美学设计是希望能够充分体现工业建筑的文化底蕴，建筑整体颜色的选择受红砖建筑的启发。红砖建筑历史文化悠久，起源于19世纪末20世纪初，随着工业革命的蔓延，英国的工业化如火如荼（见图6-2），红砖房是发展与富有的象征，被大量建造起来。随着工业化的发展，中产阶级在高等学府中也建造了诸多浓重沉稳暖红色彩的红砖建筑，而这类学府创立之初主要为科学或工程技术类，具有很强工科背景，并与当时英国的工业革命背景息息相关。后来红砖建筑触发了英国利物浦大学一个教授的灵感，提出了“红砖大学”这一名词，“红砖大学”体现了当时英国的工业时代特征，成为现在英国有着悠久历史文化和卓越学术水平的六大老牌院校（见图6-3）的代名词。

图6-2　英国工业时代

图 6-3　英国“红砖大学”

后来红砖建筑被英国人带到了新英格兰，并逐渐在周围流行开来，被运用到更多的建筑中，达到了红砖建筑的兴盛时期。红砖在我国的工业建筑和校园建筑中也得到了很好的应用，建筑整体色调与我国传统建筑风格相结合，凸显红砖的工业、文化内涵，并通过红砖丰富的质感给人们带来的更多亲切感。例如在解放前和解放初期，清华大学设计建设了具有西方古典红砖建筑风格的红区建筑，并充分发挥了砖砌筑的多样性和很好的可塑性，让校园建筑体现传统文化内涵的同时，又具有很强的空间感、立体感。在近几年的建设中，清华大学提出振兴红区的概念，延续整个红区的文脉，艺术地使用红砖，如新图书馆和理学院部分建筑（见图 6-4）。

图 6-4　清华大学的红砖建筑

主控通信楼建筑美学概念在注重功能需求基础上，通过传承具有历史沉淀和庄重的红砖建筑风格，挖掘工业建筑富有生命力的部分，立面造型设计融合现代建筑设计理念，让建筑富有美学与未来感，同时回归自然、将绿色充分融入，焕发出工业建筑新的生命力。

主控通信楼的外形设计经历了一轮又一轮反复的调整。第一轮方案将外立面设计成常见的工业风格，为了打破工业建筑的造型沉闷感，利用构造造型来丰富建筑的外观，让整个建筑显得生动活泼。为彰显工业建筑所具有的历史沉淀和庄重，主控通信楼立面色调设计将砖红色与灰色相间结合，其中砖红色是在工业建筑风格的基础上针对特高压工程作出的首次大胆尝试（见图 6-5）。

图 6-5　主控通信楼第一轮建筑设计方案

第二轮方案将砖红色的色调继续扩展与深化，使整个建筑造型更加趋于沉稳。外立面设计融入现代元素，凸出加强入口门厅效果。在平面布局及竖向围护结构上进行退台设计，三层设置露台给站内运维人员创造出更多的生活空间，丰富了建筑立面的层次感。设计方案见图 6-6。

图 6-6　主控通信楼第二轮建筑设计方案

结合绿色低能耗建筑理念，第三轮建筑设计方案（见图 6-7）对主控通信楼外观体型做了进一步调整，建筑回归了规整的方形，东侧增加室外楼梯，让建筑显得更加纯粹、现代的同时，造型尽量简约，外形尽量紧凑，减少建筑对外的传热面积。

图 6-7　主控通信楼第三轮建筑设计方案

最后为将建筑的工业特色完全绽放，设计方案将外观颜色的灰色部分也调整为砖红色，建筑入口处采用倒“L”形装饰，形似石家庄的“石”字，使主入口的位置十分醒目且具有鲜明特色。东立面室外楼梯调整为白色，与砖红色的外立面交相辉映（见图 6-8）。

图 6-8　主控通信楼最终建筑设计方案

2. 空间布局设计

主控通信楼集控制、通信、行政办公、生活等多功能于一体的综合性生产办公楼，建筑位于整个站址的东南侧站前区，进站道路北侧。因此建筑平面布置充分考虑了生产功能、生活便利、经济适用的要求。如电缆进出走向以避免电缆交叉及电缆敷设路径过长的要求，主控制室面向配电装置场地、运行人员办公休息场所、生活区与工作区合理布局等要求。

主控通信楼功能房间分三层布置：一层为门厅、会议室、通信蓄电池室、餐厅、备餐间、安全工具间、接待室、检修工具间等；二层主要是主控室、计算机室、通信机房、办公室、资料室等；三层是阅览室、休息室、员工活动室、储藏室等。各层平面布局图分别如图 6-9 ~ 图 6-11 所示。

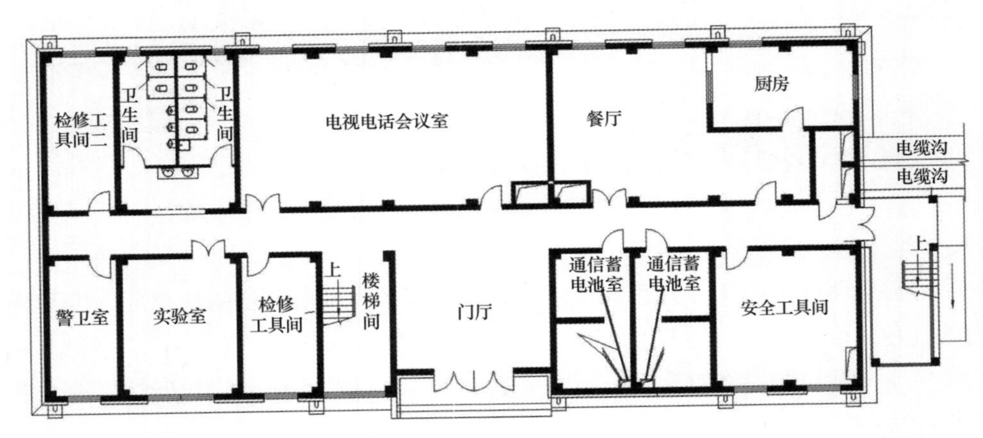

图 6-9　首层平面布局

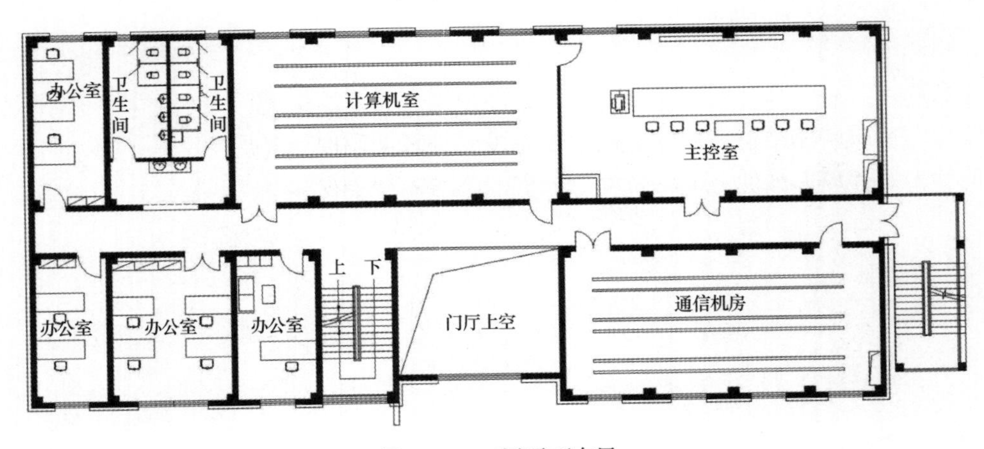

图 6-10　二层平面布局

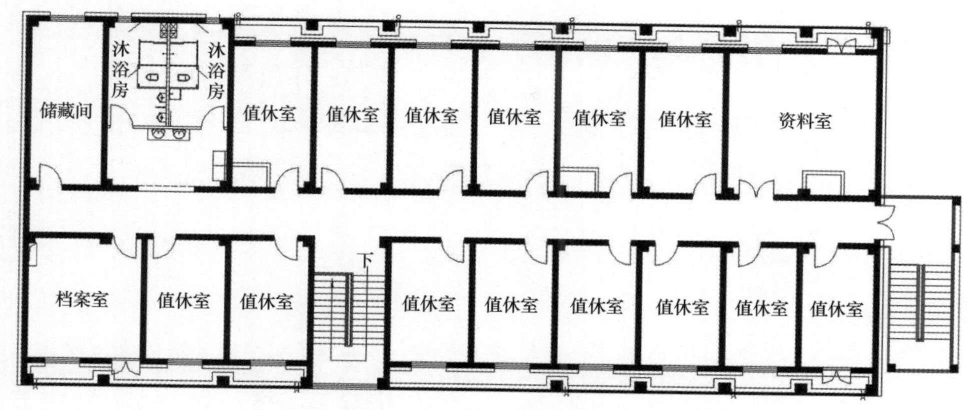

图 6-11　三层平面布局

6.2.2　建筑设计

本节重点为特高压石家庄站主控通信楼在低能耗建筑设计方面的内容，其他常规设计在此不再详述。

1. 围护结构热工设计

（1）设计思路。主控通信楼位于寒冷地区，因此建筑节能重点是提高建筑外围护结构保温隔热性能，降低围护结构传热，减少热损失。此外高效的建筑外围护结构的保温措施在降低能量损失的基础上，还能隔绝室外噪声，提高室内的舒适度。

1）非透明外围护结构。主控通信楼建筑外墙保温系统设计采用外墙外保温系统，即保温材料位于外墙外侧，能够降低太阳辐射和室外温度对建筑室内温度的影响，同时能够保护建筑主体结构，延长建筑的使用寿命。建筑外围护结构保温性能的确定遵循性能化设计原则，通过能耗模拟计算进行优化分析后确定，传热系数控制在 0.10~0.25W /（$m^2 \cdot K$）。建筑注重保温性能的同时，设计采用热惰性大的重质墙体结构，使建筑内表面温度受外表面温度波动影响减小，即提高围护结构对外界温度波动的抵抗能力。同时为提高屋面保温耐久性，高效保温系统的设计还考虑了整个系统的防水与隔汽设计。绿色低能耗建筑的高效外保温系统原理见图 6-12。

2）透明外围护结构。外窗是影响建筑节能效果的关键部件，其影响建筑能耗的性能参数主要包括传热系数（K）、太阳得热系数（SHGC）以及气密性能。影响外窗节能性能主要因素有玻璃层数，Low-E 膜层，填充气体、边部密封、型材材质、开启方式等。结合建筑所处于寒冷地区以及性能化设计原则，外窗的

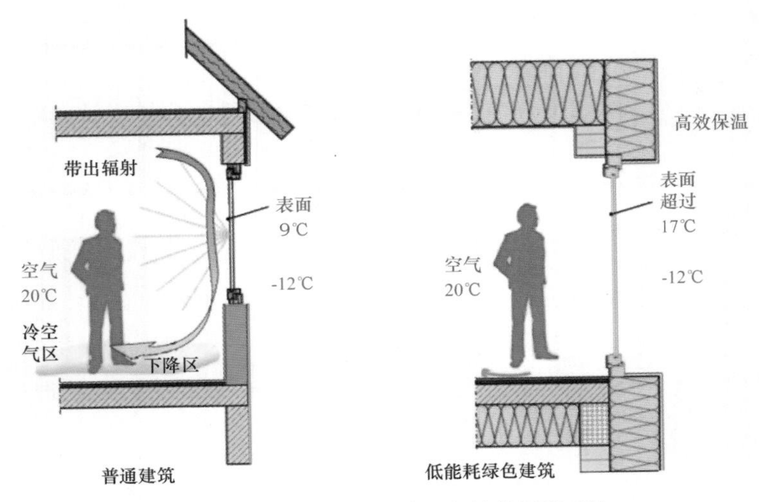

图 6-12　绿色低能耗建筑的高效外保温系统

传热系数控制在 0.8~1.5W/（m^2 · K）之间，太阳得热系数（SHGC）冬季≥ 0.45，夏季≤ 0.3，冬季以获得太阳辐射量为主，因此 SHGC 值设计选上限，同时兼顾夏季隔热。

设计采用具有良好的气密性、水密性及抗风压性能的外门窗。外窗设置三道耐久性良好的密封材料密封，外墙与窗框之间，用防水隔汽膜（抗氧化、防水、难透气）和防水透汽膜（抗氧化、防水、透汽）组成的密封系统密封。三玻两腔玻璃的高温隔热原理见图 6-13。

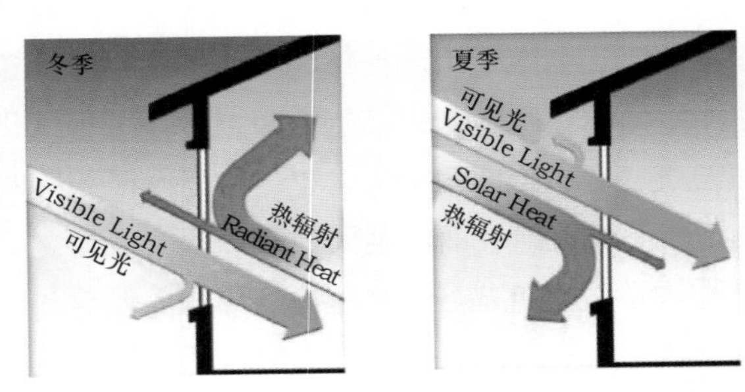

图 6-13　三玻两腔玻璃的保温隔热

（2）外墙保温系统设计。考虑到外墙外保温薄抹灰系统因受到粘结砂浆性能、抗裂砂浆性能、网格布性能、保温材料稳定性能、施工质量等因素影响，易导致外饰面出现开裂现象，最终降低建筑外保温使用寿命。因此为提升建筑整体品质和建筑外墙饰面的耐久性，综合考虑现场施工便捷高效、缩短施工周期、满足保温和饰面设计要求的前提下，外墙保温系统设计采用保温装饰一体板系统（见图 6-14），保温装饰一体板的保温材料选用保温性能和防火性能良好的石墨聚苯板，即通过将石墨聚苯板与饰面层在工厂提前预制复合，复合后的板材自带与附墙龙骨连接的连接件，连接件直接与墙体上主龙骨进行连接。

图 6-14　预制装配式外墙外保温系统（图左）及其饰面板

外保温系统的保温材料设计采用 220mm 厚石墨聚苯板，为保证较厚的保温层与饰面板能够连接牢固，设计时对该系统进行了优化，一是保温装饰一体板设计由 12mm 厚面板、170mm 厚内置石墨聚苯板保温层、5mm 厚背板、50mm 厚外置石墨聚苯板组合而成；二是系统中的连接件与饰面板的连接采用贯通孔，利用不锈钢拉铆钉进行铆接，这样的连接方式提高了保温装饰一体板的耐候性、耐冻融性和抗龟裂等性能。

由于保温装饰一体板保温系统与主体墙体之间利用金属连接件固定时，保温板与墙体之间会存在空腔，贯通的空腔会造成空气流通影响保温效果，因此设计阶段要求采用聚氨酯发泡将保温装饰一体板与墙体之间的空腔进行密封，避免形成空气贯通层，设计后建筑外墙整体传热系数可达到 0.15W/（$m^2 \cdot K$）。

（3）屋面保温系统设计。主控通信楼屋面设计采用 220mm 厚挤塑聚苯板（见图 6-15），屋面整体传热系数

图 6-15　挤塑聚苯板

可达到 0.14W/(m²·K)。保温层可分两层或三层错缝铺装，层与层之间严禁出现通缝。屋面保温层靠近室外一侧设置防水层，使保温层得到可靠防护；屋面结构层上、保温层下设置隔汽层，避免室内水汽通过结构楼板进入保温层，影响保温效果。屋面女儿墙的上部、内外侧全部包裹在保温层里，以避免女儿墙墙体产生裂缝和热桥的出现，同时保护主体结构，减少因温度变化引起的应力破坏。另外女儿墙上口安装金属盖板以抵御外力撞击。屋面保温系统设计及女儿墙热桥模拟分别见图 6-16、图 6-17。

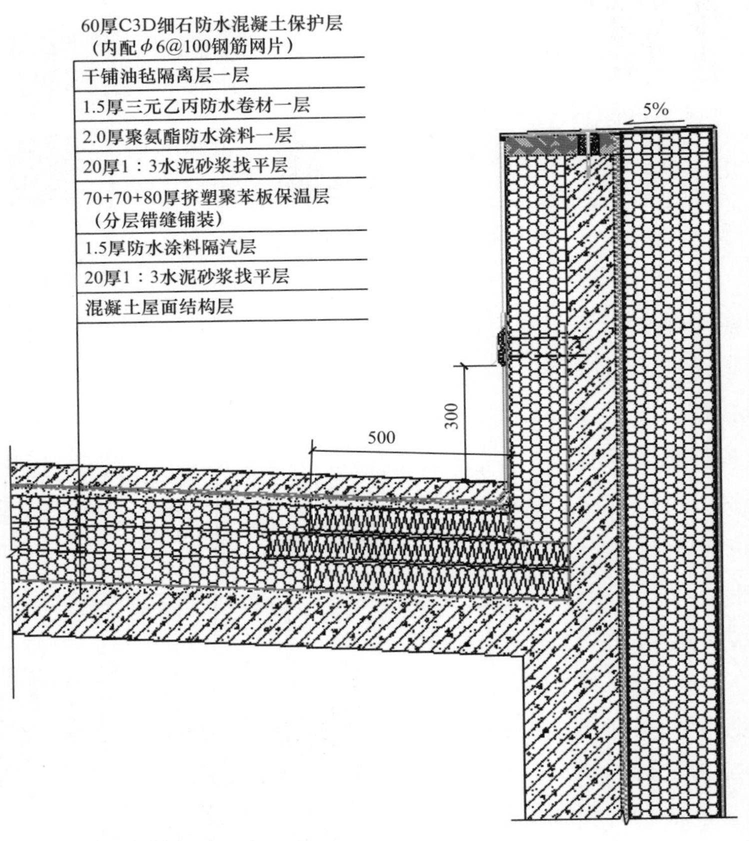

图 6-16　屋面保温系统设计（单位：mm）

（4）透明外围护结构系统设计。为保障主控通信楼围护结构整体保温隔热性能，优化确定的外窗整体传热系数为 1.2W/(m²·K)，气密性 8 级，水密性 4 级。实现这一指标，对外窗型材和玻璃均有较高要求。建筑设计选用三玻两腔塑钢

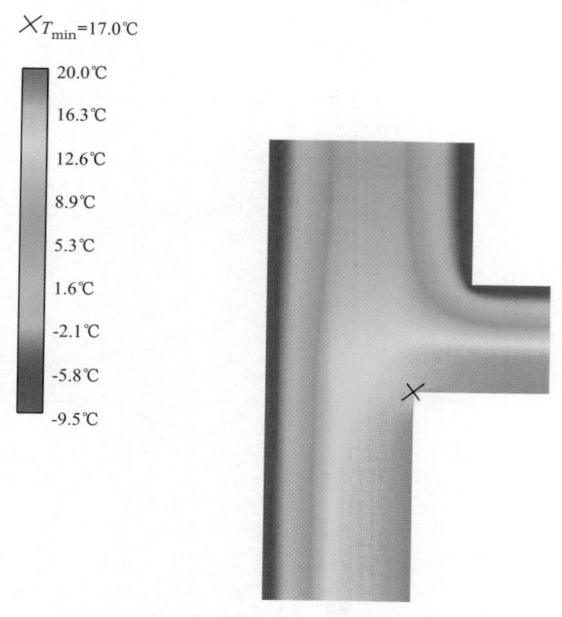

图 6-17　女儿墙部位热桥模拟计算

窗，框料为塑钢多腔型材，玻璃配置调整为：6mm 玻璃（贴 Low–E 膜）+12mm 腔体（充氩气）+6mm 白玻璃 +12mm 腔体（充氩气）+6mm 玻璃（贴 Low–E 膜），整窗综合传热系数 1.2W/（m^2 · K）。外门采用断桥铝合金门，玻璃配置调整为：6mm 玻璃（贴 Low–E 膜）+12mm 腔体（充氩气）+6mm 白玻璃 +12mm 腔体（充氩气）+6mm 玻璃（贴 Low–E 膜）。

2. 无热桥设计

主控通信楼非透明外围护结构保温设计应均匀连续完整，尽量减少和避免结构性热桥的出现，如屋面保温与外墙保温连续衔接不间断、建筑室外楼梯与主体建筑连接处采取结构断板处理，悬挑梁利用保温材料连续包裹的方式避免热桥。

外墙保温采用保温装饰一体板外墙外保温系统，设计从保温性、无热桥、饰面要求、施工简易等方面进行了节点优化，将龙骨与墙体之间垫装隔热材料，采用抗腐蚀、耐久性、导热系数较低的不锈钢螺栓连接件，同时在与龙骨连接处，设计采用不锈钢与尼龙的组合母，较好解决了系统与墙体之间的热桥问题。外墙外挂板与主体墙面间之间的空隙采用聚氨酯泡沫填充密实，避免出现空腔，影响保温效果。外墙保温节点详图见图 6-18。

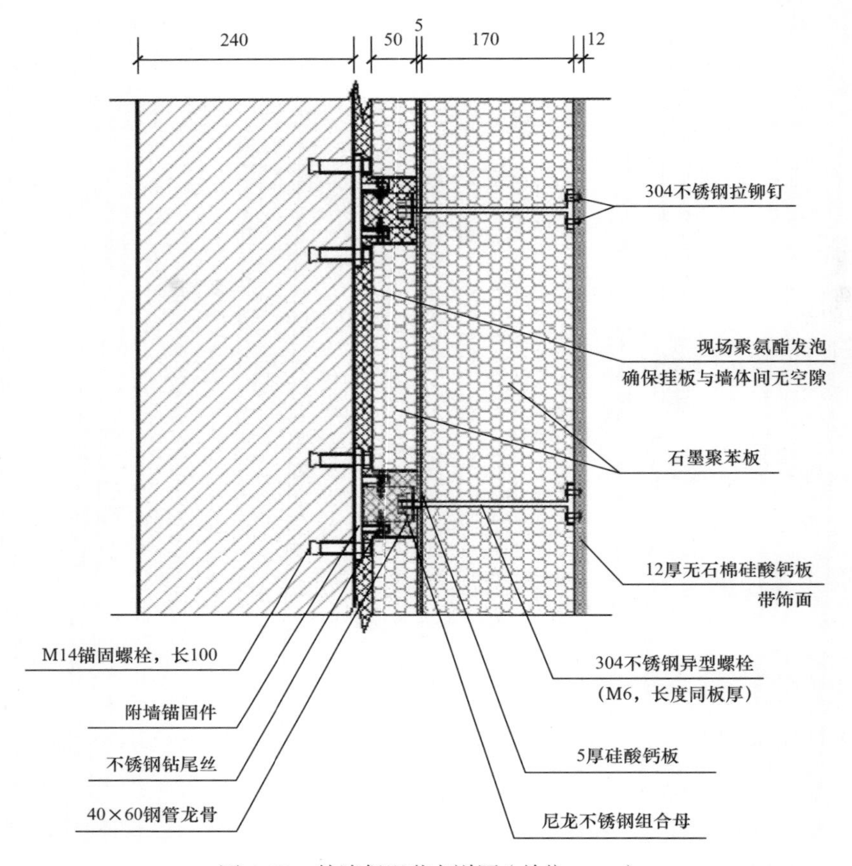

图 6-18　外墙保温节点详图（单位：mm）

为减少外门窗安装热桥，外窗（外门）采用窗框（门框）外表面与结构外表面齐平的安装方式，窗框固定于洞口中时，窗框与墙体交接处的室内侧、室外侧分别采用防水隔汽膜和防水透汽膜进行密封，外窗周边的外墙保温系统应覆盖住三分之二的窗框，门窗上侧和左右两侧采用成品的连接线条将外墙保温和外窗搭接连续。外窗安装节点详图、热桥模拟分别见图 6-19、图 6-20。

主控通信楼对于穿外墙、屋面的管线，进行了断热桥处理，如风管管道穿外墙部位预留套管并预留足够的保温间隙，出屋面通气管设置套管进行保护，套管与管道间设置保温层。管道穿外墙部位模拟计算分析见图 6-21。

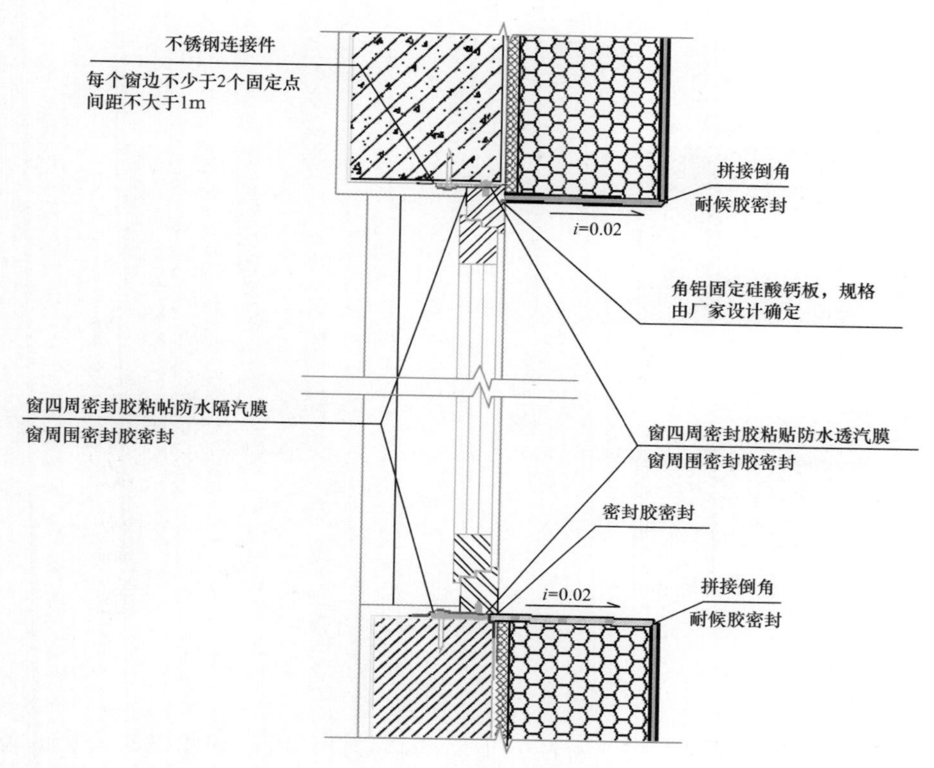

图 6-19　外窗安装节点详图

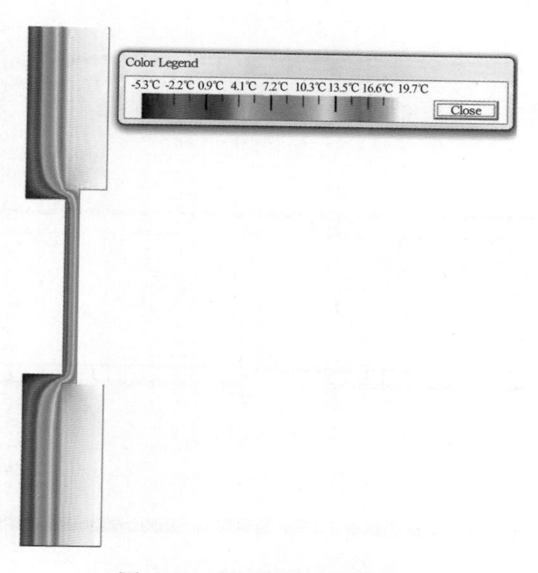

图 6-20　外窗安装热桥模拟

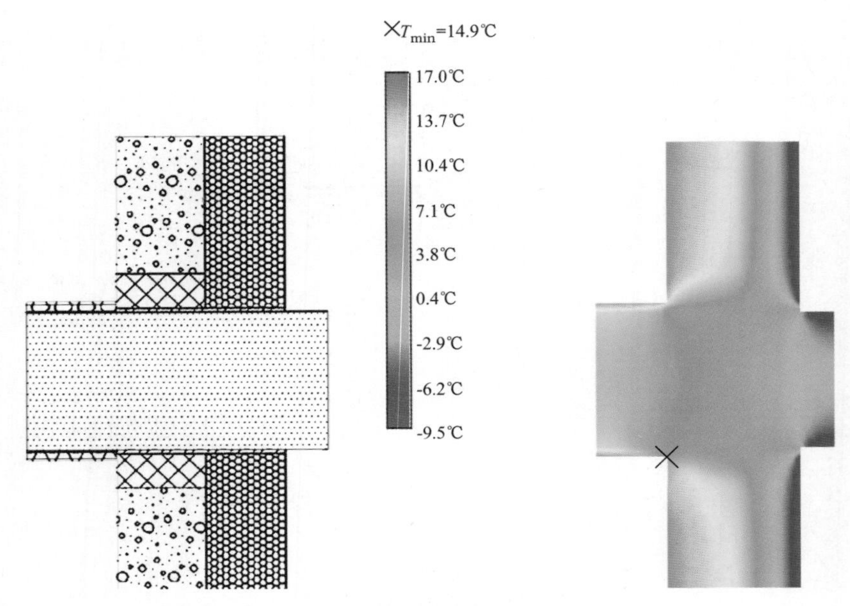

图 6-21　管道穿外墙部位模拟计算

3. 气密性设计

保证建筑物外围护结构气密性的重要基础是设计阶段须明确气密层的位置，主控通信楼的建筑气密层示意见图 6-22。主控通信楼的气密性保障贯穿整

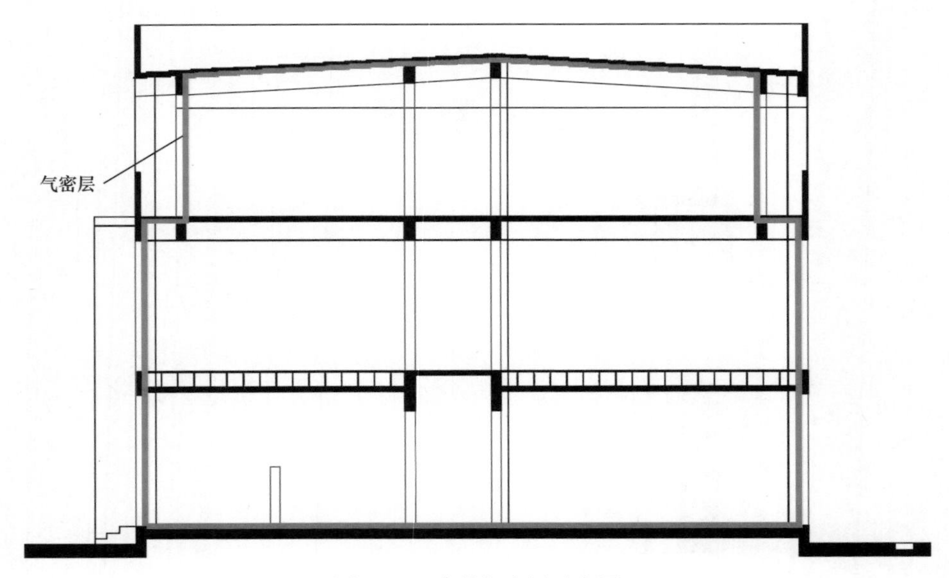

图 6-22　建筑气密层示意图

个建筑设计与施工过程中，在施工工法、施工程序、材料选择等各环节均做了充分考虑。

图 6-23　防水透汽膜和防水隔汽膜

外门窗的气密性是影响建筑整体气密性的关键环节。本项目设计要求选择气密性等级高的外门窗（气密性不低于 8 级，水密性不低于 4 级），外窗框与窗扇间采用 3 道耐久性良好的密封材料密封，每个开启扇至少设 2 个锁点。外门窗与结构墙之间的缝隙采用耐久性良好的防水隔汽膜（室内侧）和防水透汽膜（室外侧）进行密封。防水透汽膜和防水隔汽膜见图 6-23。

构件管线、套管（如电线套管）穿透墙体气密层时也应进行密封处理。如位于现浇混凝土墙体上的开关、插座线盒，直接预埋浇筑；位于砌块墙体上的开关、插座线盒，在砌筑墙体时预留孔位，安装线盒时先用石膏灰浆封堵孔位，再将线盒底座嵌入孔位内，使其密封。外墙插座线盒气密性处理原理见图 6-24。

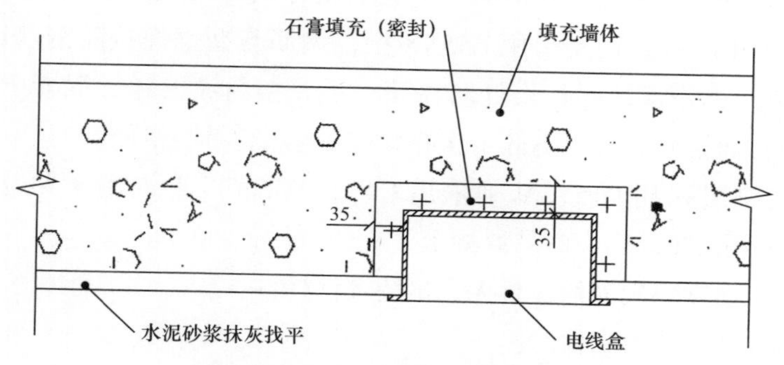

图 6-24　外墙插座线盒气密性处理

6.2.3　结构设计

主控通信楼结构设计安全等级为一级，地基基础设计等级为乙级，结构设计的使用年限 50 年。建筑采用钢筋混凝土框架结构，现浇钢筋混凝土楼、屋面。柱下桩基础采用 PHC 高强预应力混凝土管桩，直径 400mm，桩长约 14m，以粉质黏土作为持力层，并沿纵横框架设置现浇钢筋混凝土基础连梁。框架柱布置如图 6-25 所示。

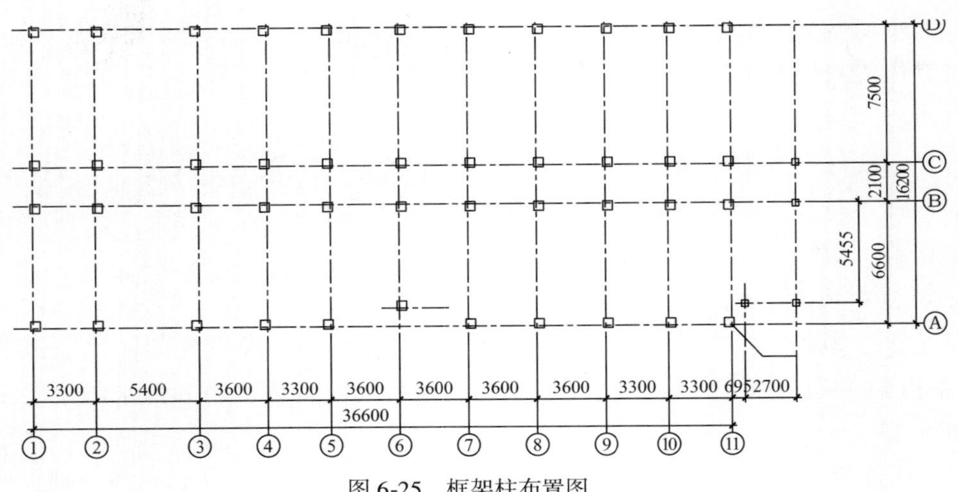

图 6-25　框架柱布置图

结构设计中重点突出以下几点：

（1）不得采用国家和地方禁止和限制使用的建筑材料及制品。钢筋采用 HPB300 级和 HRB400 级；吊钩，吊环均采用 HPB300 级钢筋；受力预埋件的锚筋应采用 HRB400 或 HPB300 钢筋，不应采用冷加工钢筋。HPB300 级钢筋采用 E43XX 型；HRB400 级钢筋采用 E55XX 型；钢筋与型钢焊接随钢筋定焊条，焊缝高度 $H_f=h_{min}$；外露铁件焊伤处防锈漆一道，银粉漆二道。混凝土结构中梁、柱纵向受力普通钢筋应采用不低于 400MPa 级的热轧带肋钢筋。

混凝土垫层采用 C15，基础采用 C40；3.86m 以下混凝土垫层采用 C40，3.86m 以上采用 C30，均为商品混凝土。

（2）建筑造型要素简约，且无大量装饰性构件。

（3）择优选用建筑形体。

根据国家标准《建筑抗震设计规范》（GB 50011—2010）规定的建筑形体规则性，要求建筑形体规则。对地基基础、结构体系、结构构件进行优化设计，达到节材效果。其基础布置见图 6-26。

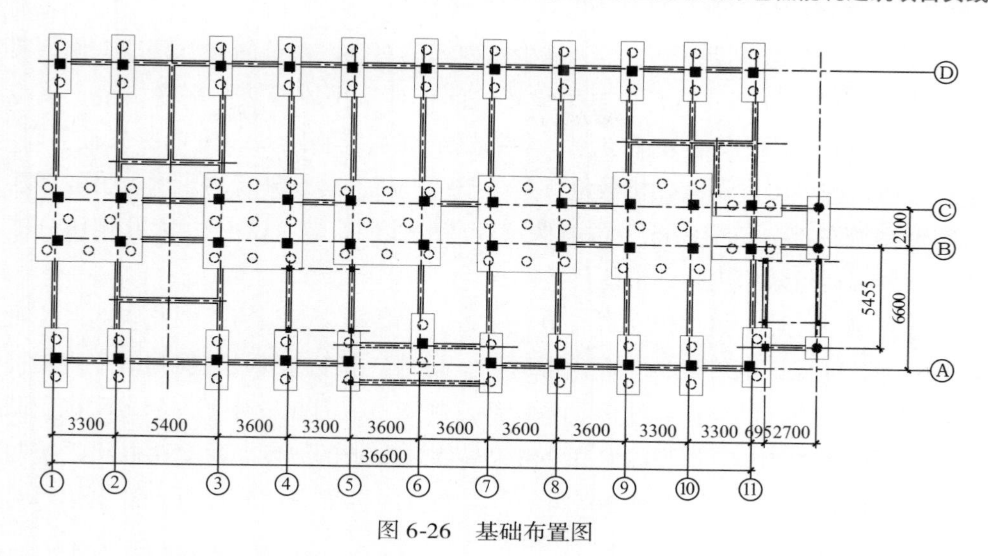

图 6-26　基础布置图

6.2.4 机电设备系统设计

1. 暖通空调系统

（1）分区设置空调系统。主控通信楼依据其所处地理位置及气象条件，结合房间的工艺特点及使用功能，配置空调系统和采暖系统。

主控通信楼集专业蓄电池室、计算机室等工艺设备用房和控制室、站内就餐、办公与休息于一体，功能多样性和专业性相结合，因此空调系统分为工艺性空调系统和舒适性空调系统。对于功能房间，由于专业性设备散热的特殊性，需要全年进行降温通风，保持适宜的温湿度。因此该类房间设计工艺性空调通风系统控制室内的温湿度。对于人员长期停留的办公室、主控室、休息室等房间设置带热回收、除霾功能的新风系统，满足人员室内的新风量需求。综合考虑建筑周边环境和冷热负荷，利用空气源热泵作为辅助冷热源，功能性房间采用 VRV 多联机空调系统，办公、就餐、休息等房间采用新风与空调功能集于一体的能源环境机。空调分区设置如图 6-27 所示。

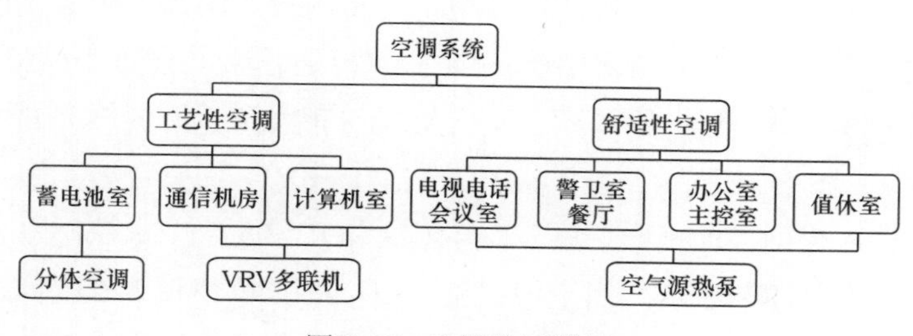

图 6-27　空调分区设置

（2）工艺性空调设计要点。为减少站内人员对空调系统的运行管理工作，实现建筑内空调系统高效运行，电力设备房间设计采用风冷热泵多联机组（单冷型）。相邻房间单独设置分体空调，多联机空调系统管路安装简单，节省空间，布置灵活，减少了空调室外机数量，避免空调外机对建筑外观的影响。另外多联机空调系统在部分负荷情况下也能保持较高的性能系数（COP）。因此相比分体式空调系统运行效率更高，节能优势凸显。

计算机室、通信机房内布置有电气设备，设备须全天运行，因此空调系统设计时需考虑能保证电气设备 24h 正常运行。同时，由于电气设备房间对室内温湿度要求较高，设计的空调系统需具备灵活控制能力，因此设计了一套多联机空调系统，同时考虑 100% 备用以保证 24h 维持室内要求的温度。每套多联机系统制冷量为 50kW，维持室内温度 20~26℃。空调室内机带有信号接口，输出信号可接入站内通信监控站，满足运行维护的需要。

通信蓄电池室位于主控通信楼一层，与计算机室、通信机房不在同一楼层，同时蓄电池室在运行期间会散发氢气，属于易燃易爆房间，所以其室内设置独立的空调系统，采用分体空调调节室内环境，空调采用防爆机型。

工艺性空调系统和舒适性空调系统分开运行。对于存在检修需要的房间如通信机房，设置检修风机，检修时运行；同时房间对室内环境要求较高，风机上设置止回阀，防止气流倒吸入室内。通信蓄电池室设置平时通风机，考虑到氢气比空气密度低的特点，采用高位排风，排除室内氢气；另设置事故风机，事故后运行，事故风机在开关室内外分别设置，且轴流风机与温控器连接，实现低温停止、高温自动启动。计算机房设置有可开启的外窗，必要时可开启外窗进行通风。

2. 新风除霾系统

建筑周边主要为农田，距离市区较远，连接市政热网困难，同时因建筑规模较小，为减少初投资，便于站内管理人员使用空调系统，设备选择采用带新风除霾功能的中央式热回收除霾能源一体机（简称能源一体机）。该能源一体机由空气源热泵机组（室外机）和除霾能源环境机（室内机）两部分构成。设备除了具备新风换气功能外，还具有制冷制热功能。主控通信楼共设置 10 台能源环境一体机。能源一体机的外形、原理图、室内机风口布置图、室内机立面图及侧面图分别如图 6-28~ 图 6-31 所示。

新风除霾系统可根据室内温度、CO_2 浓度和 PM2.5 浓度来控制室外机、新风机、循环风机的启停和风速，当室内温度、CO_2 浓度和 PM2.5 浓度均达到设定要求时，系统自动停止运行，实现制冷、制热、新风、净化等模式的自动运行，更

图 6-28　中央式热回收除霾能源一体机

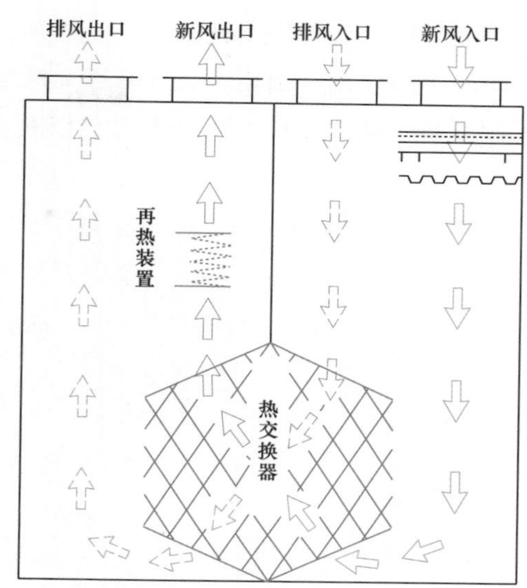

图 6-29　中央式热回收除霾能源一体机原理图

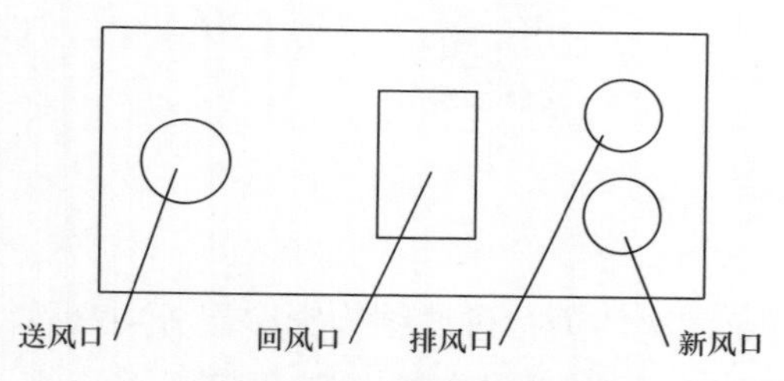

图 6-30　室内机平面布置图

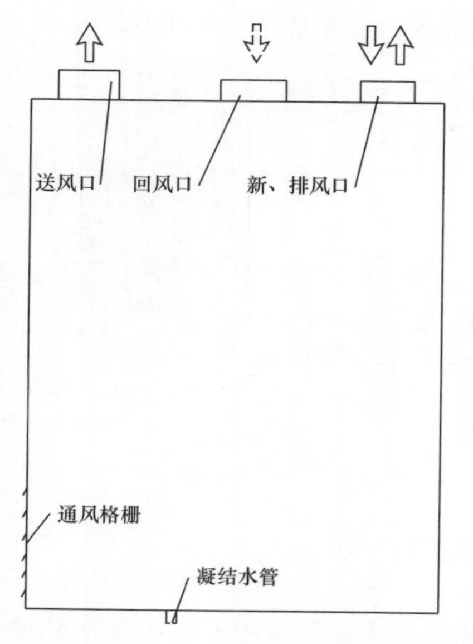

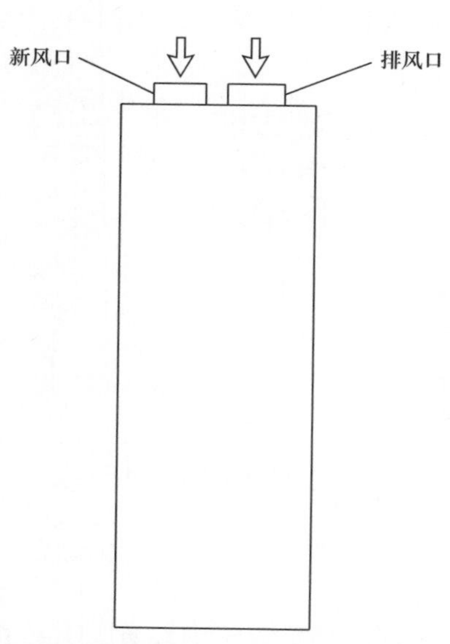

图 6-31　室内机立面图（图左）、侧面图（图右）

加节能环保。主要特点有：

（1）高效制冷制热。空气源热泵机组作为中央空调系统的冷热源，极大提高了制冷制热效率，其中制冷能效比 EER 不小于 3.5。空调原理图如图 6-32 所示。

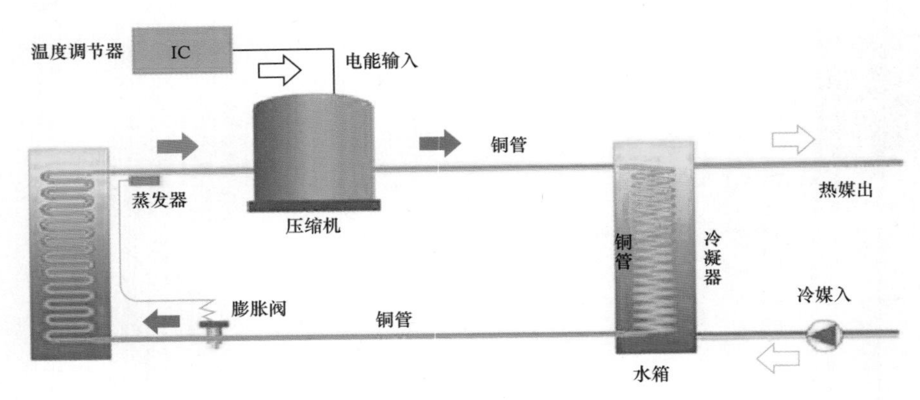

图 6-32　空调原理图

（2）高效过滤。物理式净化方式，避免二次污染，过滤结构为多层分项高效过滤，PM2.5、烟尘去除率 99.9%。在本项目优异的整体气密性效果下，采用高效过滤，可在冬季雾霾条件下，保证室内空气的氧含量和洁净度，为站内值守人员提供舒适健康的工作、休息环境。过滤效果示意图如图 6-33 所示。

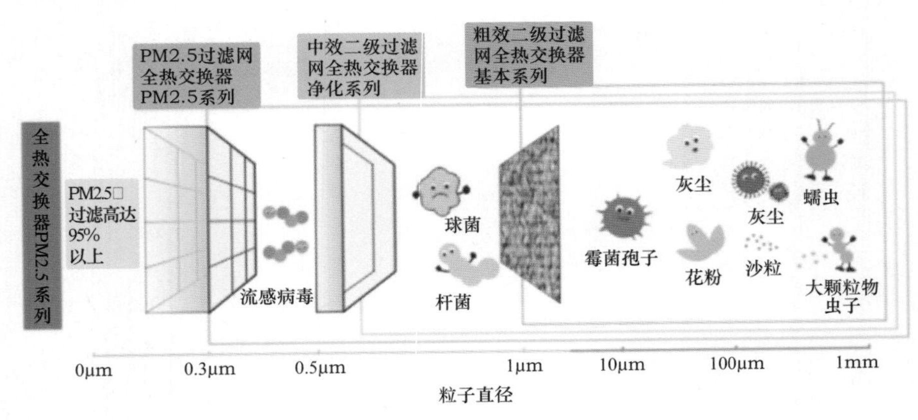

图 6-33　过滤效果示意图

（3）新风调节。室内设置 CO_2 浓度探测装置，当室内 CO_2 浓度达到上限时，由探测装置反馈给主机，主机控制模块发出信号，开启新排风阀门及新排风风机，向室内供给新风，同时将室内污浊空气排出室外。全部实现智能运行，无需人员控制。在保证室内空气质量的前提下，新风为非持续引入模式。这与普通连续运行的新风系统相比，大大降低了新风能耗。

（4）高效热回收：设备处于新风调节状态时，对排风进行高效热回收，热回收效率高达 78%。有效减少了新风引起的冷热负荷，降低了空调系统机组容量。热回收装置原理如图 6-34 所示。

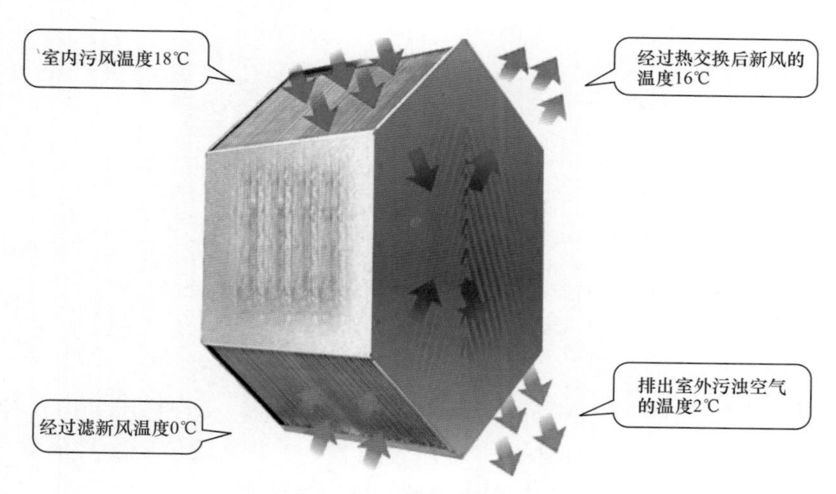

图 6-34　热回收装置原理

系统将能源供给、新风供给、空气净化合为一体，集制冷、制热、除霾、引进新风、排风高效热回收、室内 CO_2 自动监控、室内 PM2.5 自动监控等多种功能于一身。绿色低能耗建筑热回收原理图、能源一体机高效热回收芯体分别如图 6-35、图 6-36 所示。

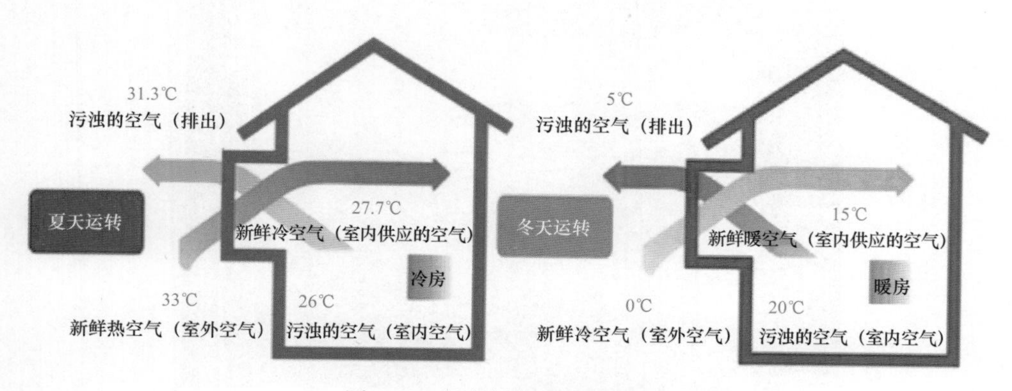

图 6-35　绿色低能耗建筑热回收原理

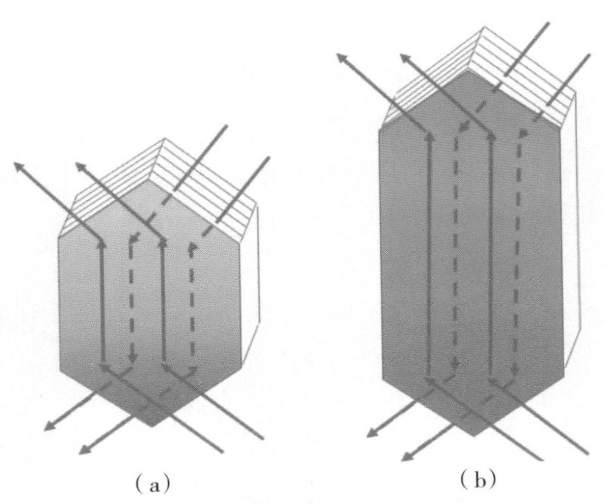

图 6-36　能源一体机高效热回收芯体

(a) 交叉逆流 1，70%~85%；(b) 交叉逆流 2，70%~95%

3. 智能化控制系统

能源一体机的室外机为低温变频高效空气源热泵，室内机主要由循环风机、新风机、排风机、电辅助加热器、新风预热器，2 个电动风阀、控制系统等组成。循环风机设高、中、低 3 挡风速，新、排风机为单速。在新风进口、排风出口各设一个电动风阀，与新、排风机连锁开启 / 关闭。

智能控制可通过触屏显示屏（见图 6-37）、四合一传感器和主机控制主板（见图 6-38）实现。其中触摸显示屏显示各功能模式、四合一传感器参数、室外温度、

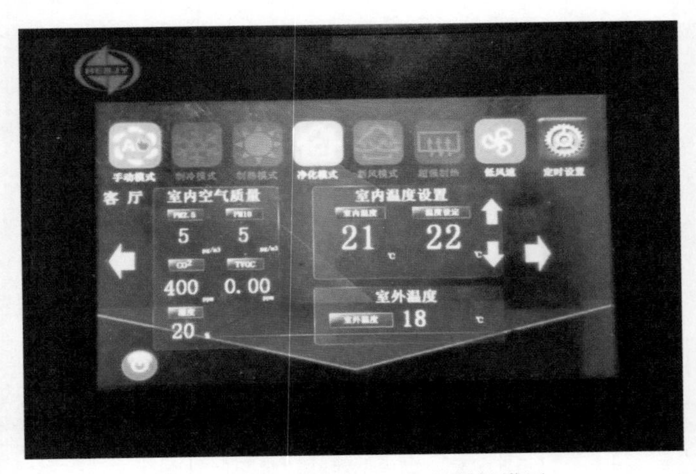

图 6-37　能源一体机主机控制触摸屏

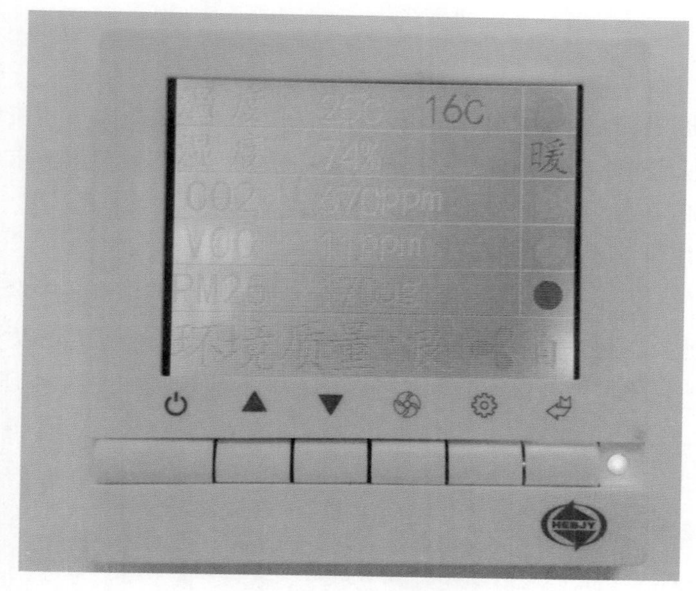

图 6-38　房间控制器

电动风阀的运行状态及主机的运行状态、更换滤网提示、时间日期及故障代码同步显示等，同时控制主机制冷 / 制热 / 超强加热模式 / 新风 / 室内净化模式 / 智能模式 / 分时控制模式等切换。

设备四合一传感器采集室内温度、湿度、CO_2 浓度及 PM2.5 浓度，设备根据传感器监测传输的数据自动运行，室内空气质量达到健康标准时，设备进入智能待机状态，有效节约空调（采暖）运行费用。

6.3 项目施工

6.3.1 施工管理策划

主控通信楼施工通过前期策划，把节能、环保、绿色施工融入项目中，使用新工艺、新材料，不断进行创新。

1. 专项施工方案制订

低能耗建筑理念的引入，使建筑施工也不同于传统做法，施工工艺更加复杂，对施工程序和质量的要求也更加严格。因此施工前，除了根据设计图纸施工合同、进度、规程规范及国网文件等要求编制《基础与主体结构施工方案》《外墙外保温系统施工方案》《外门窗安装施工方案》《外墙装饰一体板施工方案》《新风系统施工方案》外，还需针对热桥控制、气密性保障等关键环节，制订专项施工方案。

2. 注重样板先行

强调并重视样板先行的引导作用，对现场工程师、施工人员、监理人员进行现场培训，尤其对于高质量部品材料的选择、热桥和气密性关键节点展示、施工工序进行培训。

3. 注重精细化施工与过程质量监控

细化施工工艺，严格过程控制，保障施工质量。监理单位对于材料的进场验收进行严格把控，对关键节点和施工工序进行检查，符合要求后，方可进行下道工序施工。项目质量控制保障流程、施工图技术交底现场如图 6-39 所示。

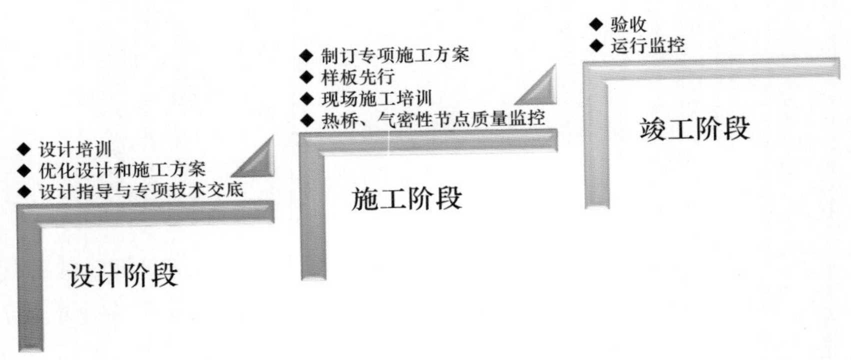

图 6-39 项目质量控制保障流程

6.3.2 墙体结构施工

1. 墙体砌筑

外墙填充墙部分采用蒸压灰砂砖（如图 6-40 所示），因砌筑的灰缝厚度和砂浆饱满度与提高墙体质量、提高砌体抗剪强度、防止产生收缩裂缝、保障建筑整体气密性至关重要，因此灰砂砖砌筑时应保证墙面平整，砂浆饱满，灰缝横平竖直，灰缝的砂浆饱满度不得小于 90%。竖缝凹槽部位应用砌筑砂浆填实，不得出现瞎缝、透明缝。勾缝要随砌随勾，施工时采用稍粗的建筑钢筋弯成一个弯头，把灰缝中挤出来的砂浆往里轻推，形成凹形的灰缝沟并凹进墙面 2mm，在保持美观的同时，又可以提高砂浆的密实度和砂浆与砖块结合的紧密度，同时还可以提高抹灰层与砌体基层的粘结牢固度。

本项目定位绿色低能耗节能建筑，使用新工艺、新材料外，还需进行精细化的施工，对预留洞口、预埋件等均严格进行提前预制、预留，如空调系统管道支架采用预埋焊接法，通过预埋在楼板内构件完成管道的吊装，减少后续施工对结构面层的破坏，影响整体施工质量，提升整体美观度。

图 6-40　外墙填充墙砌筑

2. 气密层抹灰

外墙（砌筑部分）内表面进行气密层抹灰，抹灰厚度不小于 15mm，抹灰连续不间断，并延续到结构楼板处。由不同材料构成的气密层连接处，如外墙填充墙与梁、柱之间会因不同材料的应力变化日后出现裂缝影响气密性，施工时采取在整面墙挂钢丝网的措施防止墙面抹灰层日后出现空鼓、裂缝，后进行气密层的抹灰处理，如图 6-41 所示。

图 6-41　外墙内表面挂网抹灰（气密层）

6.3.3 外墙保温施工

外墙保温系统采用保温装饰一体板外保温系统，施工方法及步骤为：一是在预制构件工程制作预制钢筋混凝土保护墙板小单元构件，二是对预制钢筋混凝土小单元构件采用槽钢做成的架体进行地面预拼装形成预制钢筋混凝土保护墙板，并在内侧铺贴并固定保温隔热材料层，三是将拼装的预制钢筋混凝土保护墙板和保温隔热材料层整体吊装至结构预定部位进行现场装配。

1.部件组成

材料共包含：速装轻型保温幕墙板、竖向龙骨、附墙锚板、辅助工具（龙骨临时固定用U型卡、锚板定位用辅助尺）、辅材（M14×120膨胀螺栓、ϕ25×2.5垫片、ϕ6.3×25的410不锈钢钻尾螺栓、∟25×1.5角铝及自攻钉、6×8×10板缝塑料垫块、发泡胶、聚乙烯泡沫棒、美纹纸、硅酮耐候密封胶等）五大部分。前四项均由供货厂家在工厂完成预加工，辅材由供货厂家带到施工现场使用。保温装饰一体板外保温系统组成图、预制一体板图分别如图6-42、图6-43所示。

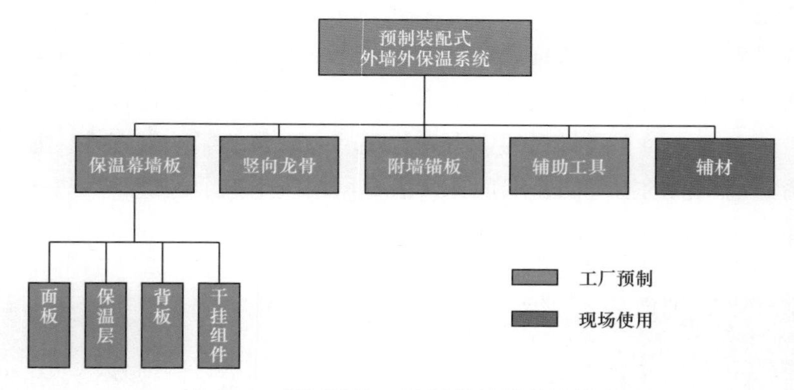

图6-42 保温装饰一体板外保温系统组成

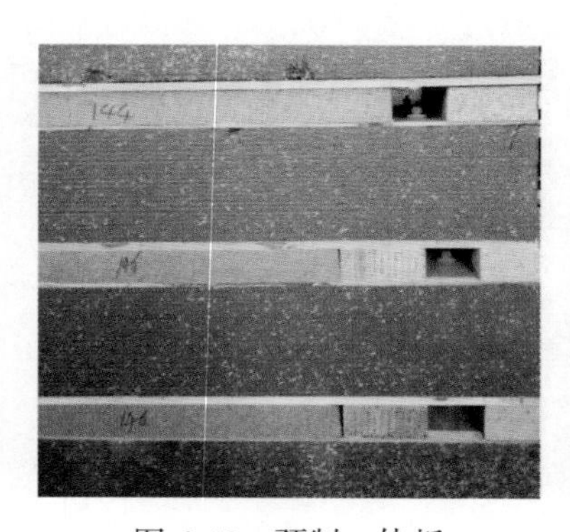

图6-43 预制一体板

品板自带装饰面层、自带与附墙龙骨连接的连接件。根据本项目需求，幕墙保温板为 12mm 厚面板、170mm 厚内置石墨聚苯板保温层、5mm 厚背板、50mm 厚外置石墨聚苯板保温层。到现场的成品板板面应带有保护膜。保温装饰一体板竖向龙骨样品如图 6-44 所示。

由热镀锌钢管加工而成，自带与保温幕墙版配套的安装孔，无需任何现场施焊部位，与附墙锚板（见图 6-45）间为不锈钢钻尾螺栓连接。具有调节龙骨距墙距离的作用，故对主体墙面的平整度没有要求。

图 6-44　保温装饰一体板竖向龙骨

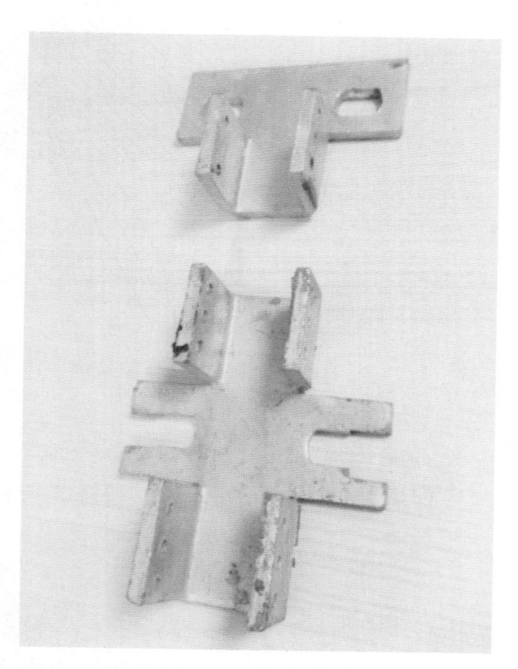

图 6-45　附墙锚板

由 Q235B 钢板冲孔、折弯后进行热镀锌工艺，与主体墙间采用膨胀螺栓连接，自带与龙骨连接的钻尾螺栓透孔。钻尾螺栓如图 6-46 所示。

无需辅助加工，可直接在设置材料、基础材料上钻孔、攻丝、锁紧，大幅节约施工时间。保温装饰一体板无热桥安装如图 6-47 所示。

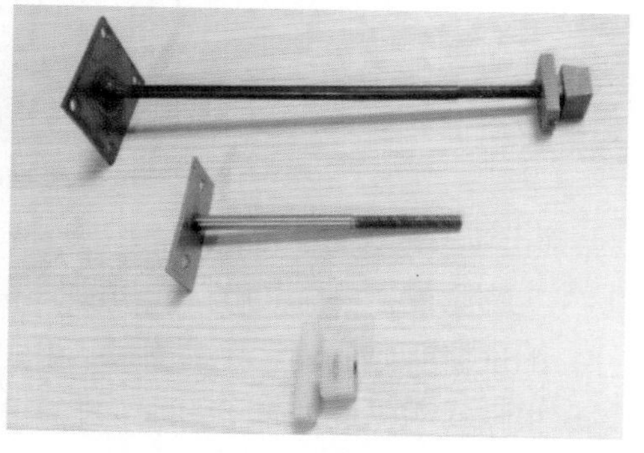

图 6-46　钻尾螺栓

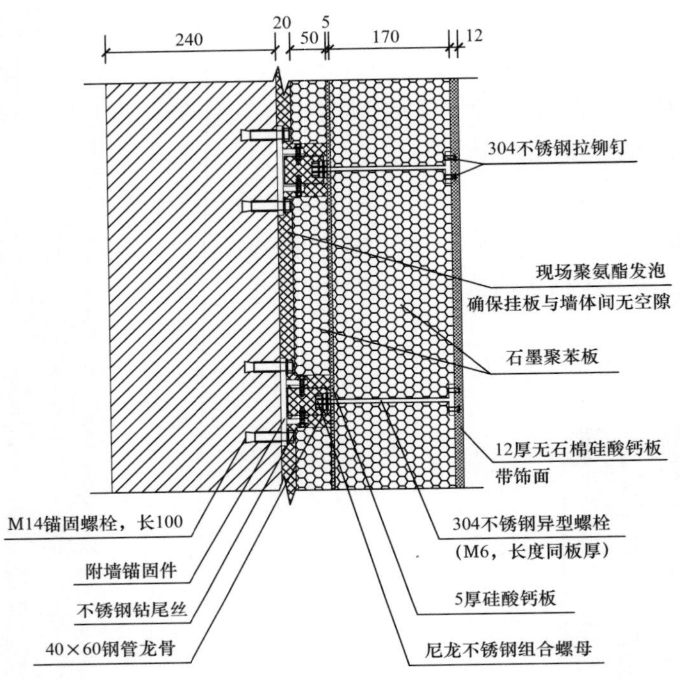

图 6-47　保温装饰一体板无热桥安装（单位：mm）

2. 施工要点

保温装饰一体板外保温系统施工流程如图 6-48 所示。

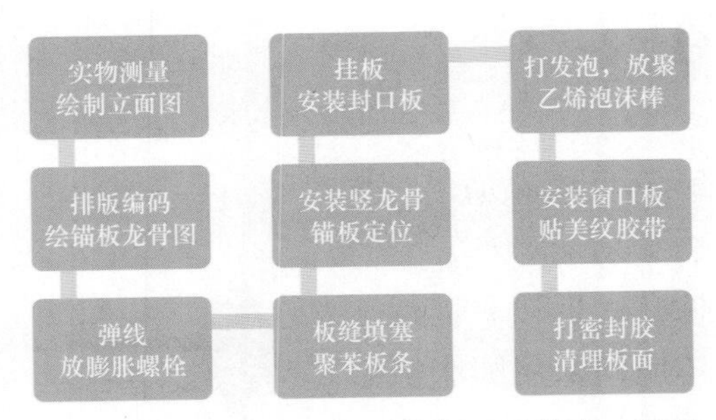

图 6-48　保温装饰一体板外保温系统施工流程

实物测量：现场采用精密测量工具进行测量，包括窗洞口等在内的各细部尺寸，测量精度为 1mm。根据测量结果，绘制实测建筑立面图。

根据实测建筑立面图，进行排板。板缝按 10mm 进行设计。所有板块均要进行编码。以板型种类越少越好。板面尺寸除非受立面限制外，要尽可能接近，以保证立面效果。

根据排板图及板型构造，绘制锚板图及龙骨图。锚板图应定位膨胀螺栓位置；龙骨图应定位板安装孔的水平高度，并将龙骨进行编号。主板型立面图如图 6-49 所示。

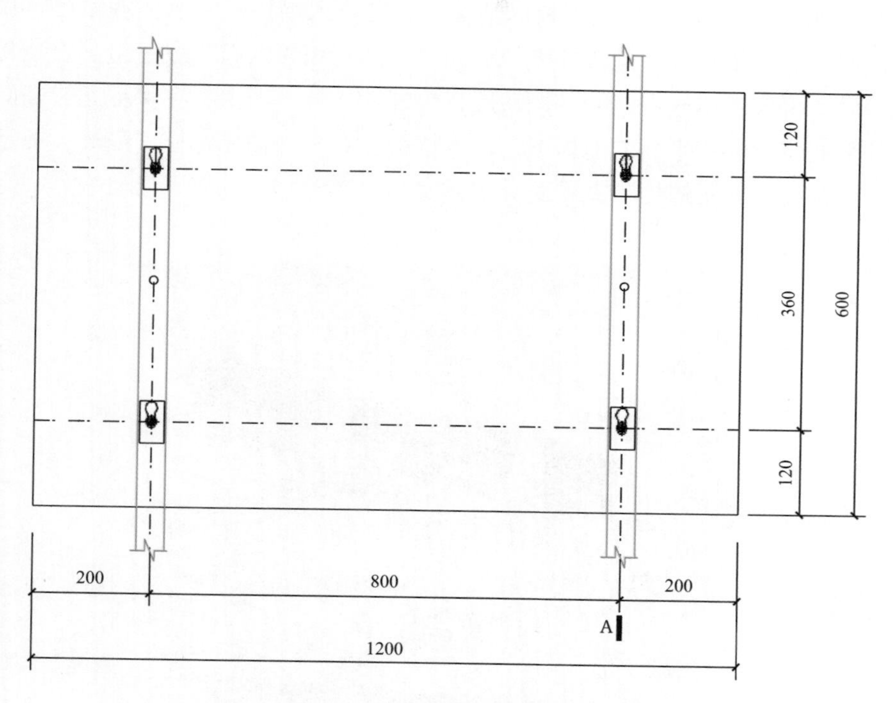

图 6-49　主板型立面图（单位：mm）

根据锚板图，在实体墙面上弹线。弹线应定位出膨胀螺栓的中心位置及锚板的竖向中心线。

根据弹出的膨胀螺栓中心位置，采用冲击钻钻孔，如成孔位置水平向偏离 10mm 以上，应往上或往下变换到另一位置。钻孔合适后，放置膨胀螺栓，并粗定位锚板。

将四个立面的锚板全部粗装定位后，根据排板要求，预先精确定位出竖向每排挂板的最顶端及最底端锚板定位，将其膨胀螺栓拧紧，并做紧固后锚板定位的最后校核，以确保准确无误。

以最顶端及最底端锚板为基准，可采用高强丝（如尼龙）或弹线的方式，完成中间其他部位锚板竖向中心线的定位，定位精度在 1mm 内，要保证每块锚板的横平竖直。

安装竖向龙骨如图 6-50 所示，首先要保证龙骨的位号正确，其次要通过龙骨临时固定用 U 型卡将每根龙骨上下端临时固定，以防掉落。通过水平仪来保证所有竖向龙骨的最底部（或其他任一相同标高的）安装孔标高相同（误差在 1mm 以内），调整到前后位置一致的情况下，先攻入锚板左侧的一颗钻尾自攻螺栓定住位，进一步确定好龙骨外面处于同一平面、相邻两组（或三组）安装孔间距无误后，再攻入锚板右侧的一颗钻尾自攻螺栓。自下而上，在保证龙骨竖向垂直、外平面位于同一平面的前提下，攻入锚板左右全部钻尾螺栓，最后，补足最底部一组锚板的钻尾螺栓，完成龙骨全部安装。

图 6-50　外墙安装竖向龙骨

自下至上、自中而左右安装挂板。转角部位放在最后封口时再装。遇有墙面开孔部位，应将挂板提前开好通孔。遇有安装上屋面爬梯处，应保证屋面爬梯 1/3 的支撑点落在主框架上，且先装挂板后装爬梯。

根据角部实际尺寸，控制好转角部位封口板尺寸、构造后，安装封口板。挂一体板现场施工图如图 6-51 所示。

图 6-51　挂一体板

将板缝中填充 200mm 宽度的聚苯板条。聚苯板条外缘距板面控制在 15mm。聚苯板条应分段填充，每段长度在 300~400mm，相邻两段之间保留 6mm 的间距以作为发泡胶的打胶孔。板角部位应作为打胶孔。

全部聚苯板条填充就位后，通过打胶孔向内打胶。冬季施工时，打胶前应将胶罐预热。打胶应通过控制打胶时间控制填充量。每平方米板面的打胶量不得少于 1 罐。

发泡胶完全固化后，清理打胶孔外口部位后，安放聚乙烯泡沫棒，并局部揭除板边部位的保护面膜，清理打胶面部位的浮砂。

安装窗口板。窗口封板的上板及左、右立板，应为整条板，下板可为非整条板。所有封口板均应采用“背部打发泡胶 + 贴窗边一侧与固定于窗框上的小角铝自攻钉固定”的方式固定，增加安全性能。顶板两端应支撑于左右立板顶端。

沿板缝粘贴美纹胶带，打中性耐候硅酮密封胶，揭除保护面膜，清理板面（见图 6-52）灰尘，修补局部缺陷。保温装饰一体板外保温系统安装效果如图 6-53 所示。

图 6-52　清理板面

图 6-53　保温装饰一体板外保温系统安装完成

3. 施工优点

（1）安全可靠。保温装饰一体板的施工大多按照石材幕墙的施工工艺，但因石材属高强度材料且为厚体（一般厚度为30~40mm）应用，可以支持背栓连接、背部粘接、边部开槽等方式。而本系统中饰面层为硅酸钙板，该类材料属低强度材料，尤其是沿板厚方向的抗拉性能最低，容易扒皮，且用于复合保温板时，一般厚度不超过12mm，故不支持背栓连接、背部粘接、边部开槽等方式。故本系统中连接件与硅酸钙面板的连接采用贯通孔，用不锈钢拉铆钉铆接方式，避开了材料的弱点，应用其优异的耐候、耐冻融、抗龟裂等性能，为工程质量及产品寿命提供了保障。

（2）施工便捷。为提高保温装饰一体板外保温系统的现场装配精度，该系统通过技术创新，找出影响安装精度及速度的关键因素——附墙的竖向龙骨的三维定位问题。龙骨为通长式设置，最底部一个安装孔定位准确，便可确保竖向这一串龙骨的各个安装孔标高准确。因此，控制好少量的几个锚板“点”，便可保证龙骨的长“线”位准确，“线”位准确进而可保证墙片的“面”位准确，一环扣一环。因此，控制好锚板“点”及龙骨底孔标高，即可实现现场施工的精准、高效、便捷。

（3）其他。连接螺栓与面板通过不锈钢拉铆螺母连接，相比较采用环氧类结构胶的连接做法，在失火的情况下，能保证连接不失效，外防护面层不脱落，避免出现连锁破坏。在板缝部位稍做处理的情况下，还可做到失火时内部的有机类保温材料不燃烧。与龙骨连接处的“不锈钢整体母—尼龙组合母”，既保证了平时连接的可靠度，又可在失火的情况下起到防止脱落的效果。这些都是高于国家标准的，但属于有价值的切实需求。另外该系统的所有材料具备可循环利用的属性，保温板、龙骨、锚板，都可在建筑拆除时有二次利用的价值，符合绿色发展的理念。

6.3.4　门窗安装

为降低外门窗与结构墙体之间的安装热桥，主控通信楼的外窗（外门）采用窗框（门框）外表面与结构外表面齐平的安装方式。施工前外窗洞口周边设置钢筋混凝土构造，洞口周边进行找平抹灰处理，使洞口的平整度、垂直度以及阴阳角尺寸验收合格后进行门窗安装，外门窗安装后，外门窗与结构墙之间的缝隙应采用耐久性良好的防水隔汽膜（室内侧）和防水透汽膜（室外侧）进行密封，在外门窗部位粘贴使用时，防水隔汽膜和防水透汽膜的一边有效地黏结在窗框上，另一边通过兼容性强的专用胶黏剂黏结在墙体上，薄膜应褶皱（非紧绷状态）覆盖在墙体和窗框上，薄膜之间的搭接宽度应不小于 15mm。外窗与墙体之间用采用气密膜进行密封，防止建筑内部水汽进入缝隙内，遇冷结露影响整体保温性，同时防止室外雨水侵入，避免外窗出现漏水情况。外窗施工工序、外窗固定、防水透汽膜粘贴（外侧）、防水隔汽膜粘贴（内侧）、外窗安装完成分别如图 6-54~图 6-57 所示。

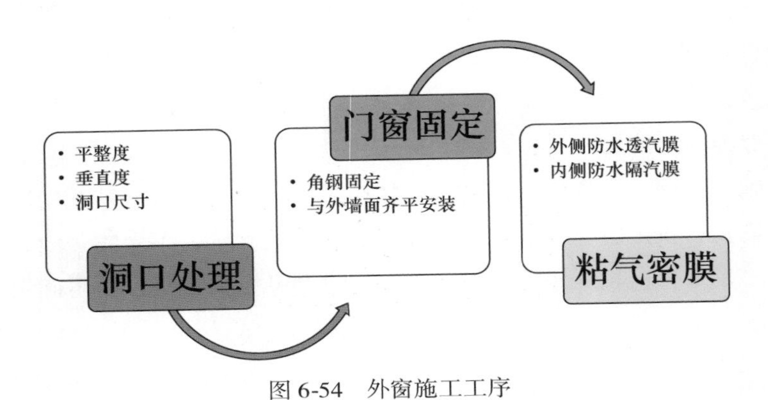

图 6-54　外窗施工工序

图 6-55　外窗固定

图 6-56　防水透汽膜粘贴（外侧）

图 6-57　外窗安装完成

6.3.5 屋面保温施工

1. 保温板铺装

屋面保温采用挤塑聚苯板，三层错缝铺装，同层及上下层保温板之间严禁出现通缝，同层保温板之间缝隙采用发泡聚氨酯进行填堵。

2. 女儿墙热桥处理

屋面女儿墙内侧和外侧均由保温层连续包裹，女儿墙上部设置压顶以提高保温系统的耐久性。女儿墙内侧竖向保温与女儿墙内侧周圈屋面防火隔离带保温板错缝搭接。屋面雨水收集口进行断热桥处理，雨水口预留洞处四周及侧壁清理干净，在完成隔汽层施工后，雨水收集口放入预留孔洞中，排水管伸出墙外进行固定，管道与孔洞之间的空隙采用聚氨酯发泡填充，后续工序在聚氨酯发泡固化后进行。穿过女儿墙的雨水口管道，完成防水隔汽层后，将雨水收集口放入预留孔洞中，周边填充保温。女儿墙保温处理节点图如图 6-58 所示。

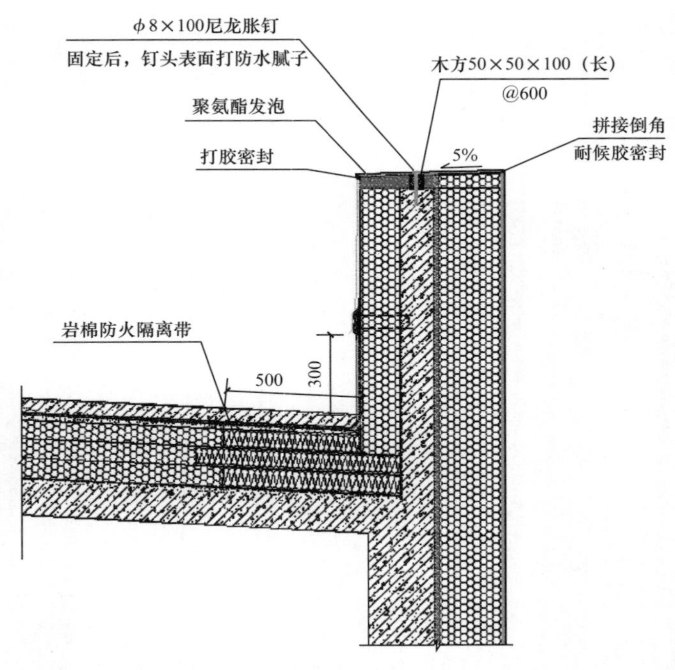

图 6-58　女儿墙保温处理（单位：mm）

3. 隔汽层和防水层设置

屋面保温层下部靠近室内侧设置防水隔汽层，避免室内水蒸气进入保温层内部影响保温效果。保温层上部设置两道防水层，并在雨水收集口及女儿墙处做泛水处理，避免日后雨水渗漏进入保温层。屋面施工工程现场如图 6-59 所示。

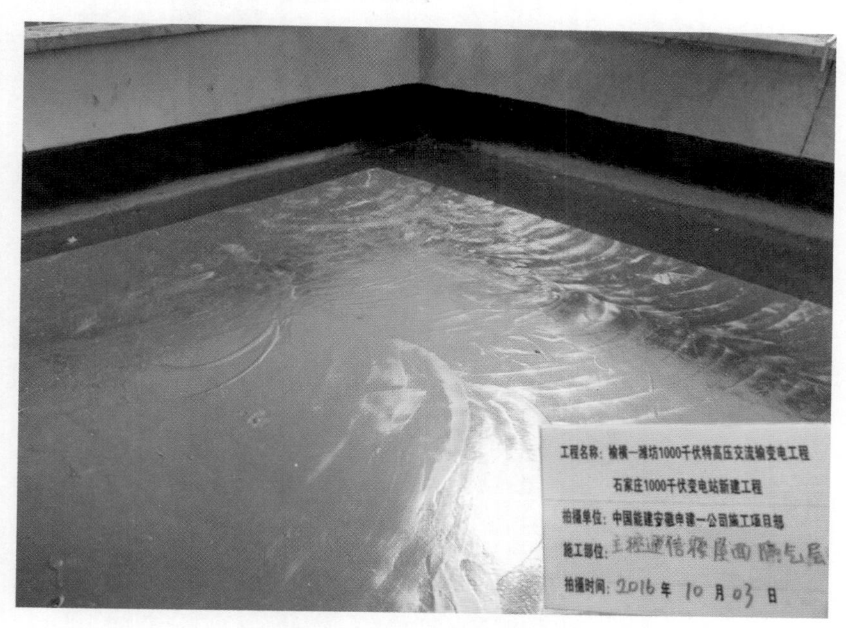

图 6-59　屋面施工工程现场

6.3.6　机电系统安装

1. 室内机与室外机安装

为便于能源一体机检修、更换部件，室内机安装位置（见图 6-60 和图 6-61）应尽量减少占用室内使用空间，做到隐蔽、整体协调美观，并安装风管消声器（见图 6-62）以减少噪声对室内环境的影响。结合站内各空间的使用要求，在卫生间和部分休息室内设置设备间，在卫生间角落放置的室内机，通过内部装饰板进行整体包装，并预留检修口和设备部件更换口。休息室内的室内机设备间由砌体结构砌筑，以减少设备噪音对室内人员的影响。设备间在走廊处设置检修门，在不影响室内人员休息的前提下，方便检修、更换部件。

为减少室外机对建筑立面造型的影响，能源一体机室外机放置于北侧室外地面及三层阳台内（见图 6-63），裸露的室外机可利用室外绿化植物形成自然遮蔽效果，室内机与室外机之间的冷媒管线设置 PVC 套管并敷设于顶棚内，套管的设置便于日后检修，敷设在顶棚内，使得室内整体简洁、美观。

图 6-60　新风系统室内机安装

图 6-61　设备间室内机安装

图 6-62　新风设备消声器

图 6-63　一层北向室外机安装

2. 管道铺设及安装

设备通向室外的新风管、排风管用橡塑进行保温，新风管与排风管应在现场做标识加以区分，室内送风管采用橡塑进行保温，室内回风管不设保温（见图 6-64、图 6-65），冷媒管也采用橡塑进行保温。空调室内机产生的冷凝水可就近排至卫生间内，由于与卫生间排水管道连接会影响室内美观及卫生间的清洁卫

图 6-64　室内送排风管道安装（一）

图 6-65　室内送排风管道安装（二）

生，因此本项目能源一体机的冷凝水通过暗敷设在建筑地下空间的管道排至室外雨水收集管沟内，室外化霜水与外墙上的雨水立管连接，排至雨水沟内，管道实现暗敷设的同时，在进出建筑时均做好气密性封堵，以保证建筑的整体气密性。

6.3.7　施工验收

于普通建筑相比，绿色低能耗建筑验收阶段最特殊的一点，是增加了气密性测试验收。本节重点介绍主控通信楼的气密性测试验收。

主控通信楼竣工以后，对建筑整体进行了气密性测试验收，测试方法为鼓风门法，即测试时将鼓风机安装在窗洞或门洞中并保持密封。根据鼓风机的旋转方向不同，建筑物内部和室外空气之间将产生正压或负压形式的压力差。流量表会测得该压力差下的空气渗透量，进而计算得到该空间的换气次数。

1. 测试依据

气密性测试主要参照德国被动房研究所《被动式房屋鼓风门气密性测试指南》、《公共建筑节能检测标准》（JGJ/T 177—2009）、《被动式低能耗居住建筑节能设计标准》[DB13（J）/T 177—2015] 进行。

2. 测试设备

测试设备主要包含硬件设备 DG-700 建筑气密性测试系统（见图 6-66）和测试软件 TECTITE Express4.1。

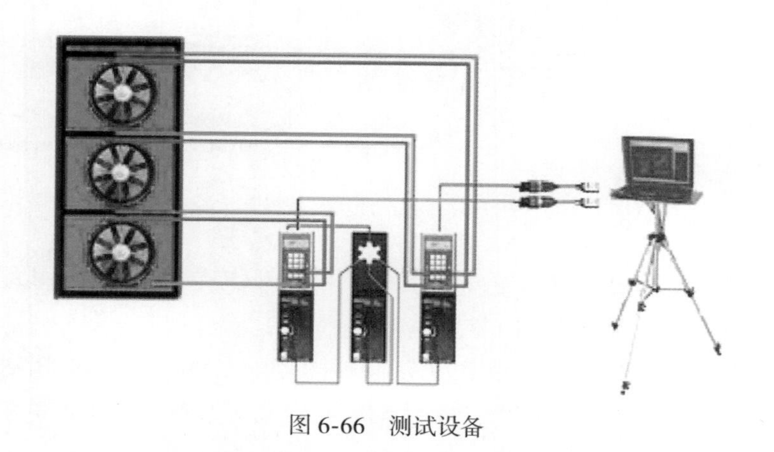

图 6-66　测试设备

3. 测前检查

测试前应封闭整个建筑内所有与外界连通的门窗、管道并关闭新风系统；测试区域内部门窗（不与外部连通的门窗）完全打开；室内排水系统卫生间洗手盆、地漏等处的存水弯处于满水密封状态。

4. 测试过程

（1）安装鼓风门、风机，连接测试主机与风机间的等压管、数据线等。

（2）将测试主机与安装 TECTITE 测试软件的电脑连接。

（3）打开电源开关，开启测试软件，填写所测建筑基本信息，如建筑内部体积、地板面积、内表面积和建筑高度等。

（4）输入不同的测试压差值（建筑气密性测试是对测试建筑在不同的内外压差值时的空气流量进行取样，并对取样点进行拟合得出建筑物在室内外压差 50Pa 时的空气渗透量），建筑压差设定间隔为 5Pa，全部测试点为 10 个，测试压差值范围是 15~60Pa（见图 6-67）。

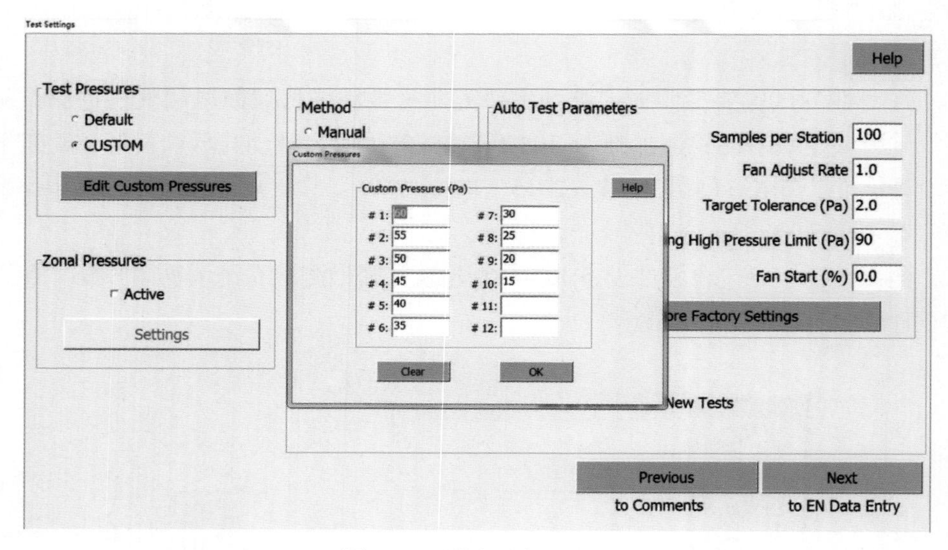

图 6-67　测试压力差设置

（5）输入测试方法、建筑室外风环境、建筑采暖空调系统形式，以及判定指标等其他建筑信息（见图 6-68）。

（6）负压测试：按照负压测试方式调整风机朝向，等压管连接，选择负压模式，输入室内外温度及大气压力，进行负压测试。按照软件提示人工更换流量环，主机对各压差下的空气流通量进行数据采集（见图 6-69）。

（7）正压测试：按照正压测试方式调整风机朝向，等压管连接，选择正压模式，输入室内外温度及大气压力，进行正压测试，按照软件提示人工更换流量环，主机对各压差下的空气流通量进行数据采集（见图 6-70）。

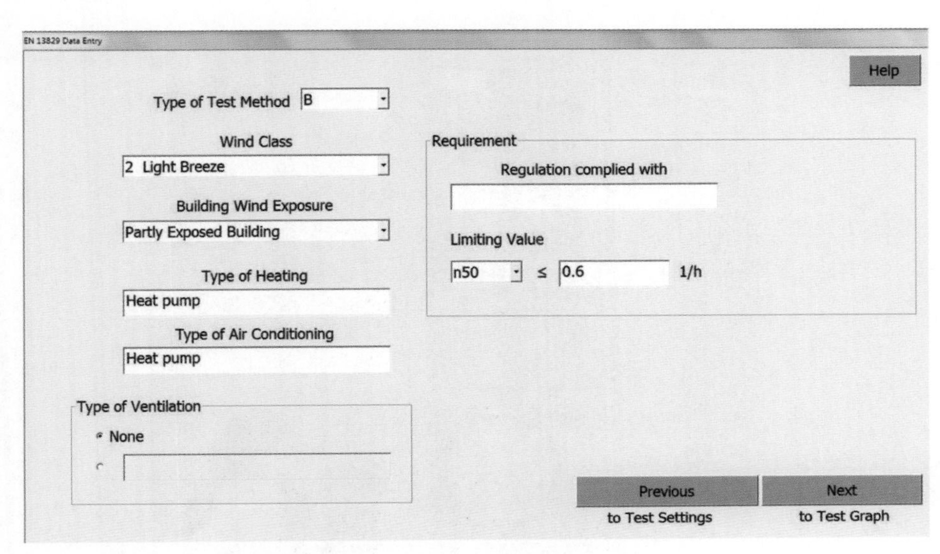

图 6-68　测试方法及建筑其他信息

图 6-69　负压测试

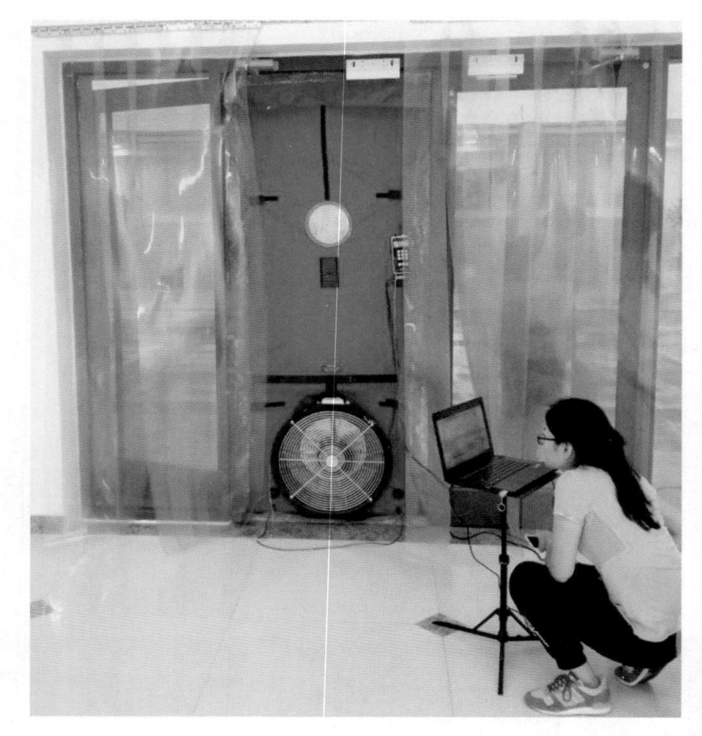

图 6-70　正压测试

（8）测试完成后，软件通过拟合处理，得出各压差下的测试曲线（见图 6-71）。

5. 测试结果

由不同压差下的建筑渗透量和内部净体积，软件自动计算出标准空气状态下 +50Pa、−50Pa 的空气渗透量、换气次数及平均值。其中房屋每小时的平均换气次数为：

$$n_{50}=\frac{n_{+50}+n_{-50}}{2}$$

即 n_{50}=0.99，测试结果具体见图 6-72。

经对建筑气密性薄弱点进行排查，建筑气密性泄漏点主要集中在电缆进出建筑位置。基于主控通信楼工艺要求的特殊性，计划后期可持续性的跟踪建筑整体运行能耗、定期进行气密性测试，为后期确定该类建筑的气密性指标积累数据。

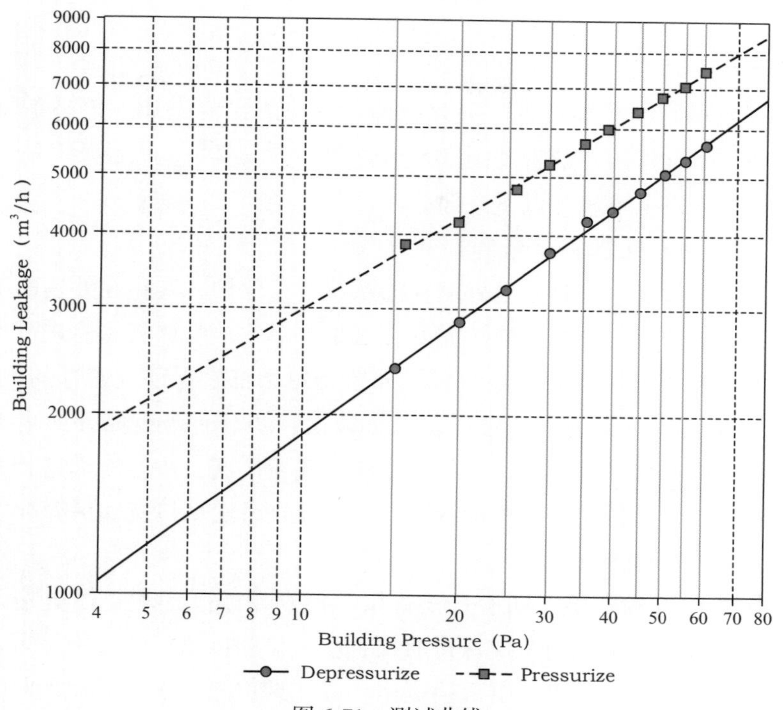

图 6-71　测试曲线

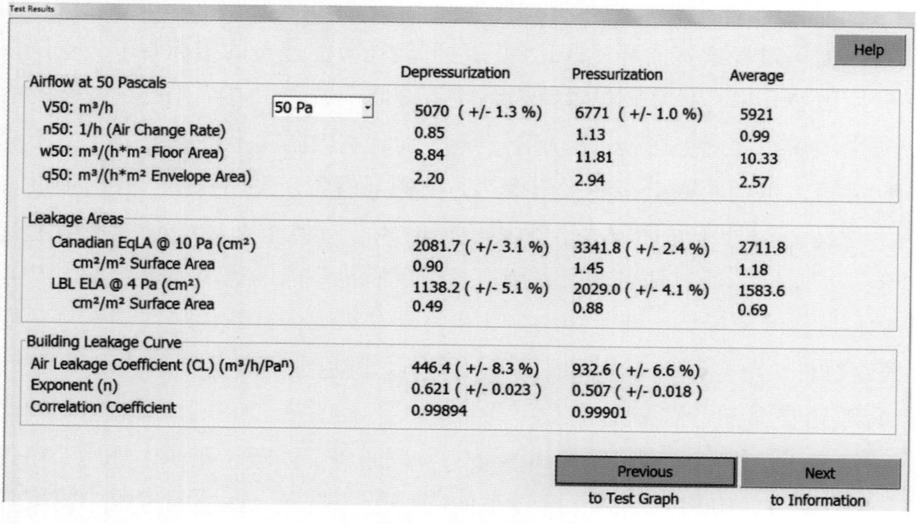

Test Results

Help

Airflow at 50 Pascals	50 Pa	Depressurization	Pressurization	Average
V50: m³/h		5070 (+/- 1.3 %)	6771 (+/- 1.0 %)	5921
n50: 1/h (Air Change Rate)		0.85	1.13	0.99
w50: m³/(h*m² Floor Area)		8.84	11.81	10.33
q50: m³/(h*m² Envelope Area)		2.20	2.94	2.57
Leakage Areas				
Canadian EqLA @ 10 Pa (cm²)		2081.7 (+/- 3.1 %)	3341.8 (+/- 2.4 %)	2711.8
cm²/m² Surface Area		0.90	1.45	1.18
LBL ELA @ 4 Pa (cm²)		1138.2 (+/- 5.1 %)	2029.0 (+/- 4.1 %)	1583.6
cm²/m² Surface Area		0.49	0.88	0.69
Building Leakage Curve				
Air Leakage Coefficient (CL) (m³/h/Paⁿ)		446.4 (+/- 8.3 %)	932.6 (+/- 6.6 %)	
Exponent (n)		0.621 (+/- 0.023)	0.507 (+/- 0.018)	
Correlation Coefficient		0.99894	0.99901	

Previous to Test Graph　　Next to Information

图 6-72　测试结果

6.4 项目运行与维护

本着高效运行、节能环保、高度保障的原则，结合健康、舒适的要求，主控通信楼制定了合理的运营管理制度及运营策略，以提高室内品质，降低建筑能耗。运营管理策略主要包含以下几部分。

1. 定期检查和保养围护结构部品部件

在建筑使用过程中一是要对外墙保温系统进行保护，避免在外墙面上固定物件，要保证外墙外保温系统的连续完好；二是要对建筑整体气密性进行保护，外墙内表面的抹灰层、屋面防水隔汽层及外窗密封条都是保证气密性的关键部位，一定要注意此类部位是否遭到破坏，若有破损，要及时进行修补或更换；三是对外门窗进行维修保护，定期检查外门窗关闭是否严密、中空玻璃是否有漏气现象、门窗锁扣等五金件是否有松动或磨损，需要进行定期检查和保养。

2. 定期检查和保养设备系统

在建筑使用过程中要定期检查设备系统特别是能源环境一体机是否运行正常，新风口、排风口及其通道要保持通畅、新风口和排风口的启停是否正常，注意观察室内控制面板上的过滤器更换提示，并定期检查清洗过滤器，及时更换过滤器。还需保证所有风阀、卫生间通风装置开关的完好性。

3. 发挥人的行为节能作用

建筑使用过程中室内环境要达到绿色低能耗节能建筑的指标要求，空调仅对人员驻留区域开启，且夏季设置室内温度不得低于26℃，在太阳照度较强时南向外窗可采用窗帘等遮挡措施进行遮阳；冬季设置室内温度不得高于20℃，不应遮挡南向外窗，保证获取更多的太阳得热，空调开启后，关闭外窗，外门加设自闭装置，保持外门处于常闭状态，采用机械通风。过渡季节或冬夏季的始末，当室外温度适宜时，通过开启外窗利用自然通风满足室内的通风要求。室内 CO_2 浓度、PM2.5 浓度超标后，能源环境一体机自动开启，保证室内环境满足舒适度要求。照明灯具、电气设备不使用时要及时关闭，避免电气设备长期处于待机状态。

4. 监测建筑运行能耗数据

建筑使用过程中需对建筑整体能耗、空调通风、采暖、照明、插座（室内设备）、综合服务（电梯、水泵）等设备的能耗进行监测，在监测过程中提取数据与绿色低能耗节能建筑指标进行对比，核实各项指标是否符合要求，若有指标不符合要求，需分析原因并及时进行调整，做到各项指标符合要求。

石家庄特高压变电站于 2017 年 8 月建成并投入运行，空调调试期间，夏季室内温度 24℃，相对湿度 60%。正式投入使用时，夏季室内温度 26℃，相对湿度 60%，冬季室内温度 20℃，相对湿度 40%。2017 年 8 月 8 日，对能源一体机设置了专项能耗计量装置对其运行能耗进行统计（见图 6-73）。

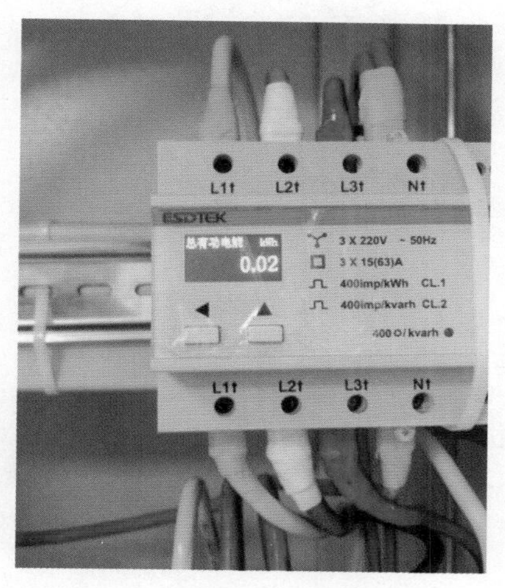

图 6-73　能源一体机能耗计量装置

投运后的建筑外观充分展现了设计之初的红砖建筑理念，外立面规整而不失灵性，完全达到了设计师预期的效果（见图 6-74 和图 6-75）。

图 6-74　建筑南立面完工效果

图 6-75　建筑北立面完工效果

室内装修、装饰简洁，大气而不失品质（见图 6-76、图 6-77），室内温湿度适宜，二氧化碳浓度控制在 1000ppm 以内，满足绿色低能耗建筑的室内环境品质。

图 6-76　建筑内部效果（一）

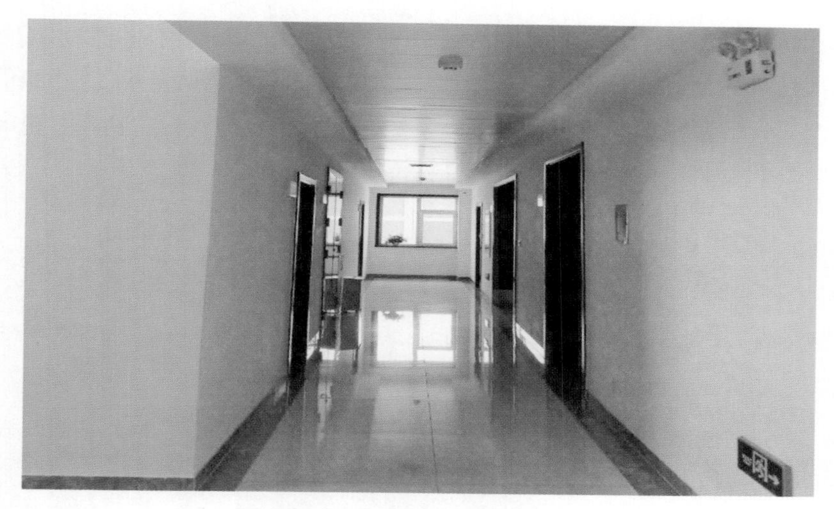

图 6-77　建筑内部效果（二）

6.5　项目效益分析

6.5.1　经济效益

1. 建筑能耗模拟计算

建筑设计阶段采用英国 DesignBuilder 公司开发的建筑能耗动态模拟软件—DesignBuilder，对建筑进行能耗模拟计算。模型建立根据设计方案，在 DesignBuilder 中建立几何模型（见图 6-78），指针的方向定义为正北方向。

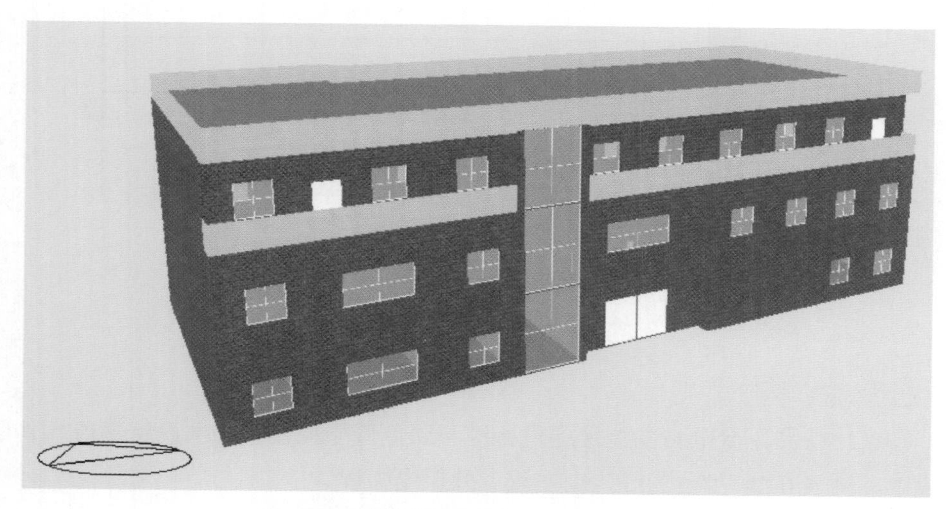

图 6-78　建筑模型（指针方向为正北方向）

设计建筑与参照建筑（节能率达到50%）在达到相同室内环境要求的前提下进行模拟计算对比，具体围护结构及暖通空调系统设置详见表6-2。建筑的室内人员密度、人员在室率，照明功率密度、灯光开启率，电气设备功率、电器设备使用率等参数参照《公共建筑节能设计标准》(GB 50189)进行设置。

表6-2　参照建筑与设计建筑模拟设置对比表

分　项	参照建筑	设计建筑
外墙保温	50mm厚模塑聚苯板 K ≤ 0.6W/（m^2·K）	220厚石墨聚苯板 K ≤ 0.15W/（m^2·K）
屋面	60mm厚挤塑聚苯板 K ≤ 0.50 W/（m^2·K）	220厚挤塑聚苯板 K ≤ 0.14 W/（m^2·K）
外门窗	普通中空玻璃 K ≤ 2.7 W/（m^2·K）	三玻两中空塑钢窗 K ≤ 1.20 W/（m^2·K）
采暖空调	VRV（空气源热泵系统）	空气源热泵系统
新风系统	新风系统	新风系统（带高效热回收）

采用邢台地区典型气象年气象数据进行模拟计算。经过DesignBuilder模拟计算后，参照建筑全年采暖、制冷、通风电耗总计为53.4 kWh/(m^2·a)，设计建筑全年采暖、制冷、通风能耗总计为23.0kWh/(m^2·a)，比参照建筑降低了56.9%（见图6-79）。

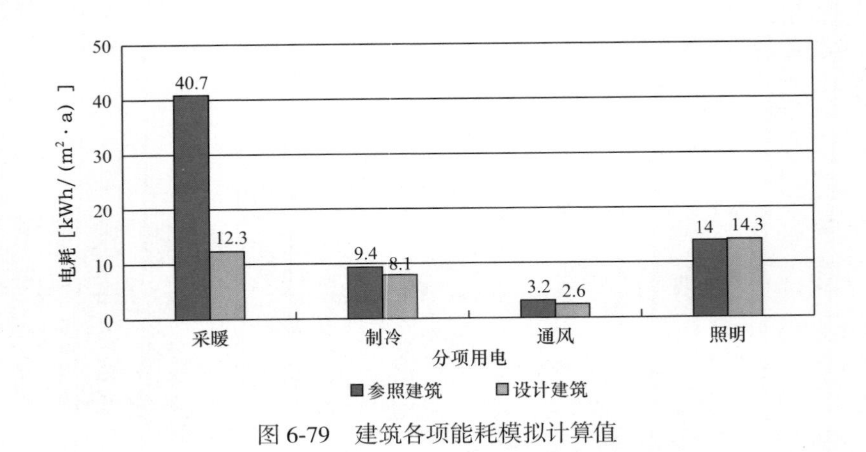

图6-79　建筑各项能耗模拟计算值

2. 投资回收期

石家庄特高压变电站主控楼项目，按照绿色低能耗建筑要求设计建造。其增量成本（见表6-3）主要为外门窗工程、外保温工程。

表 6-3　　增量成本分析

分　项	单位增量/(元 /m²)	工程量 / m²	成本增量 / 万元
保温装饰一体板	205	1580	32.4
屋面保温	320	641	20.5
外门窗	600	157	9.4
建筑处理	10	1828	1.8
节点处理	15	1828	2.7
小计			66.9
不可预测费			2.0
管理费			1.7
合计			70.6

注　设计建筑采用 220mm 厚保温装饰一体板，单价约 705 元 /m²，参照建筑（50% 节能）采用 50mm 厚保温装饰一体板，单价约 500 元 /m²，其中 m² 指的是外墙面积。

与节能 50% 建筑相比，主控通信楼的成本增量约 70.6 万元，折合单位建筑面积的成本增量为 386.1 元 /m²。通过模拟计算，设计建筑与节能 50% 建筑相比，建筑采暖、制冷、通风节约耗电量为 30.3kWh/(m²·a)，每年可节约运行费用 30.3 元 /m²（电价按照 1 元 /kWh 计），静态回收期约为 13 年。

6.5.2　社会效益

1. 节能减排

通过理论模拟计算，与节能 50% 建筑相比，主控通信楼投入运行后每年可节约电量 61027.5kWh，年节约标煤 18.5t，减少二氧化碳排放 49.2t，减少二氧化硫排放 0.04t，减少氮氧化物排放 0.14t，减少烟尘排放 0.2t。

2. 室内环境

研究发现，室内空气品质对人体工作效率有着十分重要的影响，空气品质较好时人们的工作效率要比空气品质较差时高出 15% 左右。当室内空气污浊、CO_2 和甲醛含量过高时，人体明显会感觉到头晕、鼻子痒、嗓子疼、困倦嗜睡等，加之夏天气温较高，人们更加感到不舒服，表现到工作中就是精神不能集中，会大大降低工作效率。所以控制室内污染源、加强室内通风换气、改良空调系统对改善室内空气品质、提高人员工作效率非常有益。

普通建筑中对 PM2.5 和 CO_2 浓度都未提出相关要求，而绿色低能耗节能建筑中要求设置独立的新风系统，这种系统的首要任务是源源不断地向室内输送经高效过滤的新鲜空气。主控通信楼设置高效热回收新风系统后，室内二氧化碳的含量不超过1000ppm，高效的过滤系统可以有效去除PM2.5，为工作人员提供舒适、健康的室内空气。良好的室内环境在改善人体舒适度的同时也使得了室内人员保持轻松、愉快的心情，实现高效的工作目标。

第 7 章　展望

电网是高效快捷的能源输送通道和优化配置平台，是能源电力可持续发展的关键环节，在现代能源供应体系中发挥着重要的枢纽作用，关系国家能源安全。自 2010 年以来，我国电网规模增长近一倍，保障了经济社会发展对能源电力的需求。电网规模的增大（国家电网在建在运特高压工程示意图见图 7-1），变电站建筑量也随之增多。国家电网有限公司（简称国家电网公司）作为国家能源的重要机构，对系统的绿色化运行一直很重视。早在 2007 年，国家电网公司就颁布了“两型一化”试点变电站建设设计导则，其中“两型一化”是指资源节约型、环境友好型和工业化，这是“绿色变电站”的雏形。

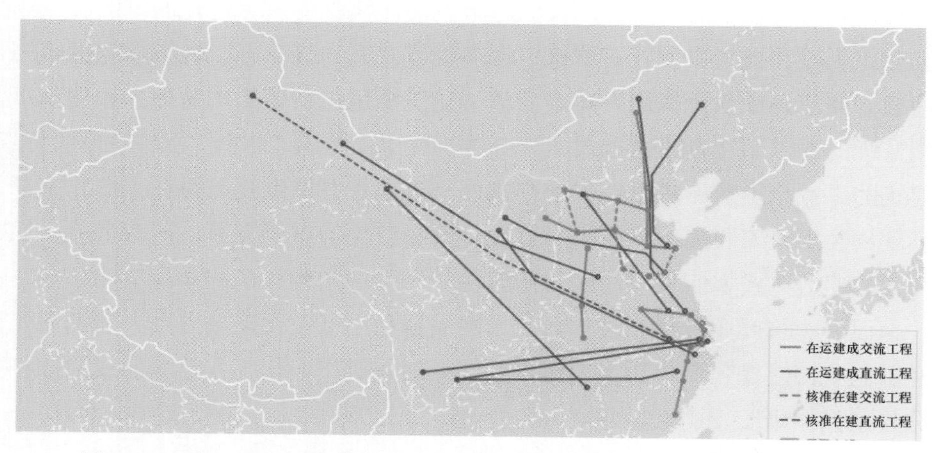

图 7-1　国家电网公司在建在运特高压工程示意图（来源国家电网公司网站）

随着我国建筑能耗和能耗强度上行压力不断加大，推动变电站建设向绿色低碳方向转变，提升建筑能效水平，营造更好的人居环境，是生态文明建设的重要途径，也是增加人民群众获得感的重要内容。特高压石家庄站的建设实践是从“两型一化”提升到“低能耗”上的首次探索和尝试，为推进变电站建筑绿色发展迈向下一阶段，未来我们将广泛在变电站建筑实施绿色低能耗技术，实施全过程绿色化建设，继续挖掘变电站建筑节能潜力，并提供更加舒适、健康的工作环境。

1.制订建筑节能标准

为规范化、规模化推广绿色节能变电站建筑的建设，应首先以节能标准为先导。我国的标准，按层次分为综合标准、基础标准、通用标准和专用标准，针对建筑会涉及各层次标准，而针对项目的绿色化建设，会涉及通用标准的层面。建设标准的产生一般是结合示范项目建设，总结经验，先有“导则”类文件，再形成标准。建设标准一般包含设计标准、施工验收标准及使用运行标准。对建筑节能和绿色化性能的评价一般包含绿色建筑评价标准等。

下一步规范绿色节能变电站建筑的指导性文件可包含绿色变电站建筑设计导则、绿色变电站建筑评价导则、绿色变电站建筑技术规程、绿色低能耗变电站建筑设计导则、绿色低能耗变电站建筑评价导则、绿色低能耗变电站建筑验收规程等内容。

规范性文件的编制，将通过深入的调查和课题研究、试验性示范项目的建设以及对建设项目的综合评定等基础工作来支撑。

2.实行工业化建造方式

绿色建筑日益发展的今天，人们越来越关注实现建筑绿色化的方法。工业化的装配式手段在提高绿色建筑质量、提高建造效率和减少施工现场作业带来的环境污染方面起到了重要作用。随着变电站建筑绿色化程度要求的提高和建筑产业转型升级的要求，转变建造方式成为必然。变电站建筑“体形”相对简单的特点，为建筑的工业化生产方式创造了便利条件。未来变电站建筑的构件工厂化生产预制和现场装配式安装施工将成为全过程建设绿色化的重要方面，同时进一步探索装配式的建造方式如何实现建筑的低能耗。

为促进建筑产业转型升级，高效、高质量利用工业化建造方式，前期需要探索性示范项目建设和课题研究工作为基础，随着对产业化工人培养的成熟和相关标准的完善，建设方式将逐渐发生转变。

3.改造既有变电站建筑

随着标准的完善，和从业人员的技术成熟，绿色低能耗变电站建筑将会得到规模化发展，新建的变电站建筑按绿色低能耗建筑标准建设的同时，既有变电站建筑的节能改造和室内环境的提升，将成为变电站建筑绿色发展的重要方面。

既有变电站建筑的改造提升，主要从提升建筑围护结构性能、选用高效采暖空调设施、照明系统等方面入手。据不完全统计，目前全国现有运行500kV及以上电压等级的变电站约有1500多座，建筑面积约150万m^2，如果全部按照绿色低能耗建筑进行节能改造提升，每年可节省标煤约 1.54 万 t，减少二氧化碳排放约 4.10 万 t，建筑实现节能改造的同时，还将为站内人员提供健康、舒适的室内环境。

4. 进一步挖掘建筑节能潜力

随着低能耗建筑技术在变电站的发展和示范项目的广泛推广，下一步应继续挖掘变电站建筑节能潜力，提升建筑节能率。在具备条件的变电站内，开展超低能耗建筑、近零能耗建筑的建设示范，通过提炼规划、设计、施工、运行维护等环节关键技术，将基础研究与工程应用研究相结合，提出适用于变电站建筑的节能技术，并进一步引领相应的节能标准提升。

参考文献

［1］刘振亚．特高压电网［M］．北京：中国经济出版，2005.

［2］刘振亚．特高压交直流电网［M］．北京：中国电力出版社，2013.

［3］古清生，黄传会．走进特高压［M］．北京：中国电力出版社，2010.

［4］中国电力企业联合会电力建设技术经济咨询中心．变压站建筑工程［M］．北京：中国电力出版社，2009.

［5］周浩．特高压直流输电技术［M］．浙江：浙江大学出版社，2014.

［6］刘振亚．加快建设坚强国家电网促进中国能源可持续发展［J］．中国电力，2006，39（9）；1–3.

［7］董谷媛．特高压再提速［J］．国家电网，2017，（10）：35.

［8］周继军．特高压前传［J］．国家电网，2016，（12）：115–119.

［9］王勇．我国特高压电网建设的难题和意义探析［J］．河南科技，2015，（21）：172.

［10］田书欣，程浩忠，常浩，等．特高压电网社会效益分析及评价方法［J］．电力自动化设备，2015，35（2）：145–153.

［11］覃琴，郭强，周勤勇，等．国网“十三五”规划电网面临的安全稳定问题及对策［J］．中国电力，2015，48（1）：25–32.

［12］张文亮，于永清，李光范，等．特高压直流技术研究［J］．中国电机工程学报，2007，27（22）：1–7.

［13］清华大学建筑节能研究中心．中国建筑节能年度发展研究报告（2007~2017）［R］．北京：中国建筑工业出版社，2017.

［14］李德英，张伟捷．建筑节能技术［M］．北京：机械工业出版社，2017.

［15］付祥钊，等．建筑节能原理与技术［M］．重庆：重庆大学出版社，2008.

［16］徐伟，邹瑜，等．国际节能标准研究［M］．北京：中国建筑工业出版社，2012.

［17］中国建筑节能协会．中国建筑节能现状与发展报告（2011~2014）［R］．北京：中国建筑工业出版社，2014.

［18］徐占发．建筑节能技术实用手册［M］．北京：机械工业出版社，2005.

［19］薛志峰．超低能耗建筑技术及应用［M］．北京：中国建筑工业出版社，2005.

［20］建设部建筑节能办公室．建筑节能技术标准规范汇编［M］．北京：中国建筑工业出版社，2003.

［21］涂逢祥．建筑节能 41［M］．北京：中国建筑工业出版社，2005.

［22］付祥钊．建筑节能原理与技术［M］．重庆：重庆大学出版社，2008.

［23］付祥钊．夏热冬冷地区建筑节能技术［M］．北京：中国建筑工业出版社，2002.

［24］杨善勤．民用建筑节能设计手册［M］．北京：中国建筑工业出版社，1997.

［25］宋德宣．节能建筑设计与技术［M］．上海：同济大学出版社，2003.

［26］房志勇．建筑节能技术教程［M］．北京：中国建材工业出版社，1997.

［27］西安建筑科技大学绿色建筑研究中心．绿色建筑［M］．北京：中国建筑工业出版社，1996.

［28］涂逢祥．建筑节能技术［M］．北京：中国计划出版社，1996.

［29］朱颖新．建筑环境学［M］．北京：中国建筑工业出版社，2001.

［30］杨丹凝，吴迪，刘丛红．中国被动房外围护系统研究——以寒冷、严寒气候区被动房项目为例［J］．建筑节能，2017，45（1）：48-56.

［31］孙红光．被动式超低能耗居住建筑的无热桥设计［J］．住宅与房地产，2017，（15）：201.

［32］杜育霏．被动房的气密性研究概述与检测方法［J］．砖瓦，2017，（11）：69-71.

［33］陈在康，丁力行．空调过程设计与建筑节能［M］．北京：中国电力出版社，2004.

［34］李晓燕，闫泽生．制冷空调节能技术［M］．北京：中国建筑工业出版社，2004.

［35］龙惟定，武涌．建筑节能技术［M］．北京：中国建筑工业出版社，2009.

［36］李德英，张伟捷．建筑节能技术［M］．北京：机械工业出版社，2006.

[37] 刘伟庆 . 建筑节能技术及应用 [M] . 北京：中国电力出版社，2011.

[38] 王荣光，沈天行 . 可再生能源利用与建筑节能 [M] . 北京：机械工业出版社，2004.

[39] 涂逢祥 . 建筑节能 [M] . 北京：中国建筑工业出版社，2003.

[40]张雄，张永娟 . 建筑节能技术与节能材料[M]. 北京：化学工业出版社，2009.

[41]王长贵，郑瑞澄 . 新能源在建筑中的应用[M]. 北京：中国电力出版社，2003.

[42] 李中兴 . 空调运行管理 [M] . 北京：中国建筑工业出版社，1982.

[43] 李援瑛 . 中央空调的运行与维护 [M] . 北京：中国电力出版社，2001.

[44] 李援瑛 . 空调系统运行管理与维护 [M] . 北京：人民邮电出版社，2004.

[45] 徐文发 . 供热 · 通风 · 空调 · 制冷 [M] . 北京：经济管理出版社，1993.

[46] 方修睦 . 建筑环境监测技术 [M] . 北京：中国建筑工业出版社，2002.

[47] 廖传善，叶振，卢紫珊 . 空调设备与系统节能控制 [M] . 北京：中国建筑工业出版社，1984.

[48] 张伟捷 . 建筑学的哲学发展观 [J] . 今日中国论坛，2013，(01)：195-196+95.

[49] 朱涛，毛建勤 .110kV 封周节能型变电站建筑设计 [J] . 华东电力，2009，37 (8)：1323-1326.

[50] 韩伟 . 变电站建筑节能指标及其指标提升的关键技术研究 [D] . 江苏：东南大学，2010.

[51]陈翔宇，王军，卢敏，等 . 高寒地区变电站典型建筑冷热负荷特征[J]. 建筑节能，2017，45 (6)：125-131.

[52] 张帅 . 严寒 B 区被动式低能耗多层居住建筑围护结构优化设计研究 [D] . 吉林：长春工程学院，2017.

[53] 宋波，杨玉忠，柳松，魏峥，张思思，胡月波 . 建筑节能检测与评估技术发展现状 [J] . 建筑科学，2013，29 (10)：90-96+113.

[54] 梁境，李百战，武涌 . 中国建筑节能现状与趋势调研分析 [J] . 暖通空调，2008，(07)：29-35.

[55] 叶凌，程志军 . 我国绿色建筑标准发展现状及展望 [J] . 建筑科学，

2016,(12):5-12.

［56］王俊，王有为，林海燕，等 . 我国绿色低碳建筑技术应用研究进展［J］. 建筑科学，2013,(10):1-9+33.

［57］李聪聪，路国忠，邓瑜，等 . 浅谈被动式超低能耗建筑技术［J］. 墙材革新与建筑节能，2016,(05):61-63.

［58］刘伟玮 . 华北地区公共建筑围护结构低能耗设计策略［D］. 天津：河北工业大学，2012.

［59］王敏 . 寒冷地区城市的低能耗办公建筑设计策略［D］. 福建：厦门大学，2009.

［60］郝翠彩，田树辉，国贤发，等 . 被动式超低能耗公共建筑在寒冷地区的实践——河北省建筑科技研发中心示范工程［J］. 建设科技，2014,(19):61-63.

［61］杨家豪，欧阳森，冯天瑞，等 . 变电站空调器与照明用电及其节电潜力实例分析［J］. 电气应用，2014，33(10):25-30+87.

［62］曹林放，韩星，邬振武，陈文升 . 上海地区变电站建筑围护结构节能设计参数研究［J］. 电力与能源，2013，34(04):341-346.

［63］王翼飞 . 基于计算机模拟的严寒地区变电站建筑节能设计研究［D］. 黑龙江：哈尔滨工业大学，2013.

［64］王炳垚 . 基于分项计量的空调系统能耗诊断的实用研究［D］. 河北：河北工程大学，2015.

［65］王艺璇 . 建筑消防设施维护管理的问题［J］. 消防科学与技术，2011，30(11):1079-1080.

［66］Nikolov，N.，Papanchev，T.，Georgiev，A.：Reliability assessment of electronic units included in complex electronic systems. In：Jubilee 40th International Spring Seminar on Electronics Technology，Sofia，Bulgaria，2017，132-133.

［67］Yu Yixin，Yan Xuefei，Zhang Yongwu. Optimal planning of high voltage distribution substations［J］. Translated from Journal of Tianjin University，2006，39(8):889-894.

附录　浏览的门户网

[1] http: //www.sgcc.com.cn/ 国家电网门户网站

[2] https: //cn.usgbc.org/ 美国绿色建筑委员会门户网站

[3] https: //energy.gov/ 美国能源信息署门户网站

[4] https: //www.ashrae.org/ 美国采暖、制冷与空调工程师学会门户网站

[5] http: //www.iea.org/ 国际能源署门户网站

[6] https: //science.energy.gov/

[7] http: //www.breeam.com/ 英国建筑研究院环境评估方法门户网站

[8] http: //www.mohurd.gov.cn/ 中华人民共和国住房和城乡建设部

[9] http: //www.cbee.cn/ 中国建筑节能网

[10] http: //www.stats.gov.cn/ 中华人民共和国国家统计局

[11] http: //www.cngb.org.cn/ 绿色建筑标识网

[12] https: //www.csg.cn/ 南方电网门户网站